ろんりの相談室

大学1年生の真理値表と体系

Suzuki Toshio

鈴木登志雄

日本評論社

まえがき

　私は大学と大学院で集合と論理や数理論理学・数学基礎論の授業を担当するかたわら，これらの話題について何度か，雑誌『数学セミナー』に記事を書いてきました．その中で『数学セミナー増刊 大学数学の質問箱』(2019) は，大学新入生の皆さんがもちそうな疑問に，多くの著者が答える企画でした．1. 微分積分の質問箱，2. 線形代数の質問箱，3. 集合・論理の質問箱，4. 位相の質問箱の 4 部構成になっていて，集合・論理の質問箱はさらに三つの記事から成ります．その中の一つ，「「否定命題を作れ」の解法を教えてください」を担当しました．

　担当編集者の大賀雅美氏から最初に頂戴したお題は「論理記号が意味不明で種類が多すぎる件」でした．「100 ページを越えそうなお題を，どうやって数ページに収めようか」と考えた末，否定を主役にしました．背理法で証明をするとき，否定命題を作る必要があります．読者の皆さんにとって一番役に立つのはそれだと判断したのです．

　記事の冒頭で，大学の数学科 1 年生という設定の登場人物，井伊江のんが否定命題について質問します．質問の途中で，井伊江さんはこう言いました．

> 論理学を体系的に学ぶのが早道だといわれるのはわかっています．それは後日やるとして，いま 1 時間ぐらいで，この種の問題の解法だけ身につけたいのです．

　この質問に先生が答えていくのが，もとの記事の内容です．増刊号の出版後，大賀氏と話しているうち，上記の記事に論理の体系的解説を付け加え，1 冊の本にしてみないかということになりました．そうしてできたのがこの本です．論理の話が主で，集合と写像については軽い扱いになっています．

　このたび，商学部 1 年生の宇奈月うい郎という登場人物を追加しました．私

が想定した宇奈月君は，こんなことを言いそうな人です．「ういっす，よろしくお願いします．正直なところ，高校数学の知識はところどころ抜けています．でも高校の復習に授業時間を割かなくて結構です．自分でネットの動画を調べて補います．表計算ソフトで家計簿ぐらいは付けられます．地頭はいい方です．笑わないでください．知識が抜けている理由は，高校時代に部活と遊びに時間を使いすぎたからです．」

さて，私が読者の皆さんにお伝えしたいことは以下の通りです．

1. 否定命題を作れるようになって自信を付けよう．
2. 人力で書ける真理値表は，必ず表計算ソフトで書ける．
3. 機械が得意なことと，そうでないことを見極めよう．
4. 「習うより慣れよ」が合うかどうかは人による．規則を学ぶのが合っている人もいる．
5. 最初のうちは，証明の定石として論理の規則を学ぼう．
6. ラクをするための規則も追加する．罪悪感なしに使ってよい．
7. ネイティブスピーカーは文法通りに話さない．くだけた表現への免疫をつけよう．
8. 読解力をつけるには，集合と写像のボキャブラリが必要．
9. 大学1年生のレベルを越えた専門書を，少しだけつまみ食いしてみよう．

これらのメッセージを，以下の3部構成でお届けします．

- 第I部 疑問解決編（上記の1から3を甘口の味付けで）
- 第II部 体系編（上記の4から6を辛口で）
- 第III部 読解力向上編（上記の7から9を中辛で）

疑問解決編では，順番など気にせず，まず知りたいことを最初に掲げます．井伊江さんが否定命題について質問し，先生が答えるところまではもとの記事とほぼ同じです．その後，宇奈月君が「論理も電卓で解決できませんか」と尋ねます．それに対して先生は，電卓はさておき，表計算ソフトでできることは

いろいろあるので，まずそれをやってみましょうと応じます．集合の例も，表計算ソフトで「見える化」します．ノート PC やタブレット PC で表計算ソフトを動かせる人は手を動かしてみてください．オンライン会議システムで交流できる仲間がいる人は，表計算ソフトを画面共有して教え合うのもいいですね．

体系編では，自然演繹（しぜんえんえき）とよばれる規則の体系を学びます．専門的な数理論理学では，まずプログラミング言語に似た人工言語を用意して，その人工言語の規則として自然演繹を導入します．我々はそこまで専門的なことはしません．あくまでも，数学の証明を読むときの文法のようなものとして自然演繹を学びます．ひと言で言うと，証明の定石（じょうせき）としての自然演繹です．

読解力向上編の最後から 2 番目の章には，集合と写像の練習問題が付いています．自力でチャレンジしてみましょう．その分，この章は他の章よりも読むのに時間がかかります．

企画段階から，大賀雅美氏をはじめ，日本評論社の皆さんにお世話になりました．心から感謝しております．

2021 年 6 月

鈴木 登志雄

目次

◎──── **出典と表計算ソフトのバージョンについて**

第 1 章：「「否定命題を作れ」の解法を教えてください」『数学セミナー増刊 大学数学の質問箱』(2019), pp.98–102, 日本評論社. 今回の収録に当たり, 一部改訂.

第 2 章から第 14 章：書き下ろし

本書第 I 部執筆時（2020–2021）に用いた表計算ソフトは

Microsoft Excel for Mac version 16.41

です. また, 本書第 I 部で行った操作は, 以下の表計算ソフトでもそのまま通用しました.

Google スプレッドシート

Numbers version 10.1（Apple）

今後, これらの表計算ソフトが, バージョンアップにより仕様を変える可能性があることはご承知置きください. もっともこれまでの経緯をみる限り, 非常に基本的な関数の仕様は, あまり変わらないようです. 上記の会社名, 商品名, 製品名などは各社の登録商標または商標です.

序

0.1 記号の読み方

　読み方を知って安心したい人のため，代表的な記号の読み方を述べます．その後におおまかな意味を記します．ただし，ここを読んだだけでわかったつもりにならないでください．思わぬ勘違いをしているかもしれません．くわしい意味や使い方は，後で追々説明していきます．

表 0.1.1　句読点と括弧

記号	読みの例
，	カンマ
．	ピリオド
：	コロン
；	セミコロン
(	かっこ，左かっこ，かっこ開く
)	かっこ，右かっこ，かっこ閉じ（る）
{	ブレース，波（なみ）かっこ，左波かっこ，波かっこ開く
}	ブレース，波かっこ，右波かっこ，波かっこ閉じ（る）
〈	左アングル（left angle），ラングル（langle）
〉	右アングル（right angle），ラングル（rangle） （日本式の発音ではどちらもラングルになってしまう）

表 0.1.2　論理記号その 1

記号	文中での読みの例	対応する表計算ソフトの関数
∧	アンド（and），かつ	AND(，)
∨	オア（or），または	OR(，)
¬	ネゲーション（negation）， ノット（not），否定	NOT( )
→	インプライズ（implies），ならば	
⟹	インプライズ，ならば	

表 0.1.3　論理記号のおおまかな意味その 1

式	おおまかな意味
$p \wedge q$	p と q が両方成り立つ
$p \vee q$	p と q の少なくとも一方が成り立つ
$\neg p$	p の否定（p が成り立たないということ）
$p \to q$	（注 1）
$p \Longrightarrow q$	（注 1）

（注 1）　要注意！　あなたが思っている「p ならば q」と違うかもしれません．

表 0.1.4　論理記号その 2

記号	記号単体での名前	文中での読みの例 （括弧内は英語での読みの例）
∀	任意記号，全称記号 （universal qunatifier）	オール（for all）
∃	存在記号，特称記号 （existential quantifier）	エグジスト（there exists）

表 0.1.5　論理記号のおおまかな意味その 2

式	おおまかな意味
$\forall x\ p(x)$	すべての x に対して $p(x)$ が成り立つ
$\forall x \in E\ p(x)$	E のすべての要素 x に対して $p(x)$ が成り立つ
$\exists x\ p(x)$	少なくとも一つの x に対して $p(x)$ が成り立つ
	（$p(x)$ をみたす x が存在する）
$\exists x \in E\ p(x)$	E の少なくとも一つの要素 x に対して $p(x)$ が成り立つ
	（E の要素 x で，$p(x)$ をみたすものが存在する）

表 0.1.6　集合の記号

式	文中での読みの例
$x \in A$	x は A に属する，x は A の要素である，x は A の元である
$x \notin A$	x は A に属さない
$A \subseteq B$	A は B の部分集合である，A は B に含まれる
$A \not\subseteq B$	A は B の部分集合でない
$\emptyset$	空集合
$A \cap B$	A と B の共通部分，A インターセクション B，A インターセクト B
$A \cup B$	A と B の和集合，A ユニオン B
$A \setminus B$	A と B の差集合
A^c	A の補集合

　たとえば正の偶数全体の集合を A とするとき，$8 \in A$ は成り立ち，$9 \in A$ は成り立ちません．ふつう「$A \subseteq B$」の初心者向け説明としては「A の要素はすべて B の要素である」と述べた後，「ただし A が空集合の場合は，どんな B に対しても $A \subseteq B$ であるとする」と付け加えます．さしあたり要素としては E の要素だけを考え，集合としては E の部分集合だけを考えるとき，E を全体集合といいます．

表 0.1.7　集合の記号のおおまかな意味

式	おおまかな意味
$x \in A$	（あまりにも基本的な言葉なので，説明のしようがない）
$A \subseteq B$	A の要素はすべて B の要素である
	（A と B が同じ集合であってもよい）
$\emptyset$	要素が一つもない集合
$A \cap B$	A と B の両方に属するもの全体
$A \cup B$	A と B の少なくとも一方に属するもの全体
$A \setminus B$	A に属するが B には属さないもの全体
A^c	$E \setminus A$. ただし E は全体集合で $A \subseteq E$ とする

　「$x \in A$」の初心者向け説明として「x は A のメンバーである」ということもあります．これでは説明になっているのかいないのかよくわからないですね．「点とは大きさのないもののことである」という話と似ています．集合の初心者向け説明として「集合とは，それに入るか入らないかがはっきりした，ものの集まりのことである」ということがありますが，そもそもこの集合の説明自体が，わかったようなわからないような話です．

　同様の扱いを受ける用語としては「命題」や「条件」があります．高校数学では，真であるか偽であるかがはっきりした文を命題といいます．また，文字 x を含む主張であって，文字に具体的なものを代入すると（文字を具体的なもので置き換えると）命題になるものを x についての条件といいます．ここで「では真とは何か，偽とは何か」と食い下がっていったらきりがありません．

　言葉の意味というのは，必ずしもその言葉が何を指し示しているかによって決まるものではありません．その言葉をこうは使える，こうは使えないという，使い方によって間接的に意味が与えられることもあるのです．「属する」や「集合」，「命題」のように，あまりにも基本的な用語は，使い方の実例を学んだり，使い方の規則を学んだりすることによって理解していきましょう．

表 0.1.8　よく使う表現の読み

表現	読みの例
x'	エックス プライム，（主に日本国内で）エックス ダッシュ
$p(x)$	ピー オブ エックス，ピー エックス

表 0.1.9　数の集合

記号	意味
$\mathbb{N}$	自然数全体の集合
$\mathbb{Z}$	整数全体の集合
$\mathbb{Q}$	有理数全体の集合
$\mathbb{R}$	実数全体の集合
$\mathbb{C}$	複素数全体の集合

0.2　方言

　本書執筆時点（2021 年）の英語圏では，「A は B の部分集合である（$A = B$ の可能性を排除しない）」は「$A \subseteq B$」で表すのが主流です．この流儀では「$A \subset B$」と書くと「A は B の真部分集合である」（A は B の部分集合で，かつ $A \neq B$）を表します．「$A \subseteqq B$」は「$A \subseteq B$」の方言です．

　本書執筆からさかのぼること約半世紀，1960 年代には英語圏でも日本語圏でも「A は B の部分集合である（$A = B$ の可能性を排除しない）」は「$A \subset B$」で表すのが主流でした．この流儀では，A が B の真部分集合であることを表したいとき，「$A \subsetneq B$」を使うことがあります．「$A \subsetneqq B$」は「$A \subsetneq B$」の方言です．英語圏ではその後，上記の記法に押されました．日本語圏ではこちらの表記が，本書執筆時点でも主流として続いています．

　本書執筆時点の英語圏では，差集合は上記の通り $A \setminus B$ と表すのが主流です．日本語圏では差集合の記号として $A - B$ をよく使います．ただし線形代数などでは $A - B$ を異なる意味に用いることもあるので注意してください．

　日本の高校数学では，p の否定を $\bar{p}$ で表し，A の補集合を $\overline{A}$ で表します．集合論の専門書では，自然数とは $0, 1, 2, \cdots$ のことですが，数学の文献では 0 を

除外して $1, 2, 3, \cdots$ を自然数とよぶものも多いです．日本の高校数学では自然数とは $1, 2, 3, \cdots$ のことです．論理と集合の記号には，ほかにも多くの方言があります．それぞれの本を読むとき，記号についての約束を確かめてください．

0.3　高校までで学んだ用語

- 「$p \Longrightarrow q$ かつ $q \Longrightarrow p$」を $p \Longleftrightarrow q$ と書くことがあります．
- 「$p \Longrightarrow q$」が成り立つとき，p は q の十分条件であるといいます．また，q は p の必要条件であるといいます．
- 「$p \Longleftrightarrow q$」が成り立つとき，p は q の必要十分条件であるといいます．

表 0.3.1　逆・裏・対偶

用語	意味
逆	$q \Longrightarrow p$ を，$p \Longrightarrow q$ の逆という
裏	$\neg p \Longrightarrow \neg q$ を，$p \Longrightarrow q$ の裏という
対偶	$\neg q \Longrightarrow \neg p$ を，$p \Longrightarrow q$ の対偶という

対偶はもとの命題と真偽が一致します（対偶ともとの命題がともに成り立つか，ともに成り立たないか，どちらかになります）．高校ではこのことを天下りに認めます．本書を読み終わる頃には，対偶ともとの命題の真偽が一致することに納得できるようになるでしょう．

　例 0.3.1　整数 x についての条件 $x < -1$ と $x^2 - 1 > 0$ を考え，命題 r_1 を「$x < -1 \Longrightarrow x^2 - 1 > 0$」としよう．$r_1$ は真である．ここでは逆命題を（意味は変えずに）少し変形してみやすくしたものも逆命題という．裏命題，対偶についても同様である．また，$\geqq$ は高校数学でいう $\geq$ のことである．

- r_1 の逆命題は「$x^2 - 1 > 0 \Longrightarrow x < -1$」である．$x = 2$ が**反例**（この命題が偽になる例）となる．実際，$2^2 - 1 > 0$ であるが $2 \geqq -1$ である．反例があるから，この逆命題は偽である．

- r_1 の裏命題は「$x \geq -1 \implies x^2 - 1 \leq 0$」である．$x = 2$ が反例となる．実際，$2 \geq -1$ であるが $2^2 - 1 > 0$ である．反例があるから，この裏命題は偽である．

- r_1 の対偶は「$x^2 - 1 \leq 0 \implies x \geq -1$」である．これは真である．

例 0.3.2 整数 x についての条件 $x < -1$ と $x^2 - 1 > 0$ を考え，命題 r_2 を「$x^2 - 1 > 0 \implies x < -1$」とすると，$r_2$ は偽である．r_2 の逆命題と裏命題は真であり，r_2 の対偶は偽である．

例 0.3.3 整数 x についての条件 $x < -1$ を考え，命題 r_3 を「$x < -1 \implies x < -1$」としよう．r_3 は真である．この場合，r_2 の逆命題，裏命題，対偶はすべて真であることがわかる．

上の例からわかるとおり，逆命題の真偽はもとの命題の真偽と一致することもあるし，しないこともあります．

自然数についての条件 $p(n)$ がすべての自然数について成り立つと示したいとき，必要に応じて**数学的帰納法**を使うことができます．この本では日本の高校数学に合わせ，自然数とは $1, 2, 3, \cdots$ のこととしておきますが，自然数を 0 から始める場合も考え方は同様です．

数学的帰納法

(I) $p(1)$ が成り立つ．

(II) 命題 $p(k) \implies p(k+1)$ が成り立つ．

以上二つの主張を示せば，すべての自然数 n について $p(n)$ が成り立つと示したことになる．

表　ギリシャ文字

大文字	小文字	読み	カタカナ表記の例
A	α	alpha	アルファ
B	β	beta	ベータ
Γ	γ	gamma	ガンマ
Δ	δ	delta	デルタ
E	ε	epsilon	イプシロン
Z	ζ	zeta	ゼータ
H	η	eta	イータ
Θ	θ	theta	シータ
I	ι	iota	イオタ
K	κ	kappa	カッパ
Λ	λ	lambda	ラムダ
M	μ	mu	ミュー
N	ν	nu	ニュー
Ξ	ξ	xi	クシー，グザイ
O	o	omicron	オミクロン
Π	π	pi	パイ
P	ρ	rho	ロー
Σ	σ	sigma	シグマ
T	τ	tau	タウ
Υ	υ	upsilon	ユプシロン
Φ	φ, ϕ	phi	ファイ
X	χ	chi	カイ
Ψ	ψ	psi	プサイ
Ω	ω	omega	オメガ

第 **I** 部

疑問解決編

第 **1** 章

「否定命題を作れ」の 解法を教えてください

1.1 否定命題を作るということ

質問◎大学の数学科 1 年生です．本を読んでいてこんな命題に出会いました．
「どんな自然数 n に対しても，集合 A の要素で n 以上のものがある」　その
本では続けて，この命題の否定を作ると以下のようになると言っています．「あ
る自然数 n があって，A の要素はすべて n より小さい」　どうやってこの否
定形を作ったのかわかりません．この種の否定命題を自力で作れるようになり
たいです．論理学を体系的に学ぶのが早道だと言われるのはわかっています．
それは後日やるとして，いま 1 時間ぐらいで，この種の問題の解法だけ身に
つけたいのです．できれば，否定命題を作る力が何の役に立つかも教えてくだ
さい．
(数蝉大学・井伊江のん)

先に，何の役に立つかについてお答えします．否定命題を作れるようになる
と，対偶や背理法による証明を行う力が向上します．では，さっそく否定命題
の作り方に入りましょう．

例題 **1.1.1**　x は実数とする．命題「$x > 1$」の否定命題を述べよ．
解　$x \leq 1$

高校の「$\leqq$」の代わりに，大学では「$\leq$」と書きます．さて，このように問

題文の直後に答が載っている問題に出会ったら，次のようにしてください．一回目の通読の際は，考える前に解答例を読みましょう．そのとき，どこまで納得できてどこから納得できないかを見極めましょう．無理に暗記しようとせず，次の例題に進みます．読者が自力で解くことを期待している問いなら，答は巻末など，問題文から離れたところに書いてあるはずです．例題の役割の一つは，答え方の相場を示すことにあります．今の場合,「否定命題を作れ」だけでは，文字通りの意味で否定命題を作るのか，もとの命題と真偽が反転したわかりやすい命題を作るのかわかりません．前者なら答は「$x > 1$ でない」，後者なら答は「$x \leq 1$」となります．例題 1.1.1 とその解から，ここでは後者を期待していることがわかります．

　ここで記号についての注意を追加しておきます．p の否定を高校数学では $\overline{p}$ と書きます．大学では否定の書き方にいくつかの方言があり，以下では $\neg p$ と書きます．$\neg\neg p$ は p と同値です．同値という言葉にはいくつかの意味がありますが，ここでは，二つの命題の真偽が一致することを同値と言うことにします．つまり p と $\neg\neg p$ が両方とも真であるか，両方とも偽であるかのどちらかだということです．なお厳密には，例題 1.1.1 の問題文は「実数 x についての条件「$x > 1$」の否定を述べよ」とすべきです．しかしここでは，あえて命題と条件を区別しないことにします．

1.2　ド モルガンの法則 基本編

　p と q が両方成り立つことを「p かつ q」といい，$p \wedge q$ という記号で表します．p と q の少なくとも一方が成り立つことを「p または q」といい，$p \vee q$ という記号で表します．集合の共通部分の記号 $\cap$ を「かつ」と読んだり和集合の記号 $\cup$ を「または」と読んだりする人も世の中にはいますが，ここでは集合をつなぐ記号と命題をつなぐ記号は区別します．

　高等学校の数学では，ベン図（オイラー図）についての考察から集合のド モルガンの法則を導き，それに基づいて論理のド モルガンの法則を得ました．以下が論理の**ド モルガンの法則**です．

ド モルガンの法則

- $\neg(p \wedge q)$ は $\neg p \vee \neg q$ と同値である.
- $\neg(p \vee q)$ は $\neg p \wedge \neg q$ と同値である.

高校数学では式における記号の結合優先順位があって，たとえば $3 - 4 \times 5$ は $3 - (4 \times 5)$ の省略表現であり，$(3 - 4) \times 5$ を表すわけではありません．同様に，論理の記号についても結合の優先順位を考えます．否定の記号は結合の優先順位が高く，「かつ」や「または」はその次に強く，後で出てくる「ならば」は結合の優先順位が低いとします．たとえば上記ド モルガンの法則における $\neg p \vee \neg q$ は，$(\neg p) \vee (\neg q)$ の省略表現です.

ド モルガンの法則を言葉で表すと次のようになります.

ド モルガンの法則（言葉による表現）

- 「p と q が両方成り立つ」の否定は,「p と q の少なくとも一方が成り立たない」と同値である.
- 「p と q の少なくとも一方が成り立つ」の否定は,「p も q も両方とも成り立たない」と同値である.

数学で「または」というとき，ふつうは「少なくとも一方が成り立つ」の意味であり,「どちらか一方だけが成り立つ」の意味ではありません．では「どちらか一方だけが成り立つ」の否定は何でしょうか．練習として考えてみます.

例題 1.2.1 「p と q のどちらか一方だけが成り立つ」を r_0 で表す．r_0 の否定命題と同値なものを，以下の中から一つ選べ.

$r_1 : (\neg p \vee q) \vee (\neg q \vee p)$

$r_2 : (\neg p \wedge q) \vee (\neg q \wedge p)$

$$r_3 : (p \land q) \lor (\neg p \land \neg q)$$
$$r_4 : (p \lor q) \land (\neg p \lor \neg q)$$

考え方　どちらか一方だけが成り立つとは，p と q の一方が真でもう一方が偽ということだから，p と q の真偽が一致しないということである．その否定は，両者の真偽が一致すること，すなわちともに真またはともに偽ということである．それを表すのは r_3 である．

解　答 r_3

例題 1.2.1 は選択肢式問題なので解答は上記の通りでよいのですが，井伊江さんが知りたいのは考え方の方でしょう．計算だけで答を出したがるタイプの人にとっては，上の考え方は難しいかもしれません．交換法則（∧ と ∨ のそれぞれに対して），分配法則，ド モルガンの法則を用いて別解を作ってみます．

分配法則

- $(p \lor q) \land r$ は $(p \land r) \lor (q \land r)$ と同値である．
- $(p \land q) \lor r$ は $(p \lor r) \land (q \lor r)$ と同値である．

例題 1.2.1 の（考え方の）別解 1　「p と q のどちらか一方だけが成り立つ」とは，

$$(p \land \neg q) \lor (\neg p \land q)$$

ということである．その否定は，ド モルガンの法則により以下と同値である．

$$\neg(p \land \neg q) \land \neg(\neg p \land q)$$

中央の ∧ の左側と右側のそれぞれにド モルガンの法則を適用すると，上記は以下と同値である．

$$(\neg p \lor q) \land (p \lor \neg q)$$

分配法則により，以下のように同値変形できる．

$$[\neg p \wedge (p \vee \neg q)] \vee [q \wedge (p \vee \neg q)]$$

二つの [　] それぞれの中で分配法則（と交換法則）を用いて

$$[(\neg p \wedge p) \vee (\neg p \wedge \neg q)] \vee [(q \wedge p) \vee (q \wedge \neg q)]$$

ここで $\neg p \wedge p$ は偽であり，一般に r が命題のとき（偽な命題）$\vee r$ は r と同値だから，左の [　] は $\neg p \wedge \neg q$ と同値である．同様に右の [　] は $p \wedge q$ と同値である．よって上記は以下と同値である．

$$(\neg p \wedge \neg q) \vee (p \wedge q)$$

$\vee$ の交換法則により，これは r_3 と同値である．

　もう一つ別解を見ましょう．今度の解き方は，センスがなくても根性で達成できる方法です．

　例題 1.2.1 の別解 2　p と q がそれぞれ成り立つかどうかで場合分けすると，場合 1「両方成り立つ」，場合 2「p のみ成り立つ」，場合 3「q のみ成り立つ」，場合 4「両方成り立たない」の 4 通りがある．成り立つことを T（true の T），成り立たないことを F（false の F）で表して，4 通りそれぞれの場合にそれぞれの命題が成り立つかどうか調べ，表を書く（表 1.2.1，これを**真理値表**という）．

表 1.2.1　真理値表の例

p	q	r_0	$\neg r_0$	r_1	r_2	r_3	r_4
T	T	F	T	T	F	T	F
T	F	T	F	T	T	F	T
F	T	T	F	T	T	F	T
F	F	F	T	T	F	T	F

　すると，$\neg r_0$ の列と真偽のパターンが一致するのは r_3 の列であることがわかる．

大学の期末試験で例題 1.2.1 のような問題が出て答の求め方まで要求された
とき，三つの考え方のどのスタイルで答えたらよいのでしょうか．それとも，
三つのいずれとも違うスタイルでしょうか．それは，その授業に依存します．
毎回授業に出ていればわかるはずです．また，別解 1 あるいは別解 2 のスタ
イルが期待されている場合も，簡単な問題に対しては最初の解のようなスタイ
ルで答を予測すると，見通しがよくなります．

1.3　ド モルガンの法則 発展編

命題が三つある場合もド モルガンの法則は成り立ちます．たとえば $p \wedge q \wedge r$ は $(p \wedge q) \wedge r$ の略記であり，$p \vee q \vee r$ は $(p \vee q) \vee r$ の略記です．したがっ
て $\neg(p \wedge q \wedge r)$ は，通常のド モルガンの法則を 2 回使って同値変形すると，
$\neg(p \wedge q) \vee \neg r$，そして $(\neg p \vee \neg q) \vee \neg r$ となります．これは $\neg p \vee \neg q \vee \neg r$ そ
のものです．$p \vee q \vee r$ の否定についても同様です．命題が n 個の場合も同様
です．

ド モルガンの法則（命題が n 個の場合）
- $\neg(p_1 \wedge \cdots \wedge p_n)$ は $\neg p_1 \vee \cdots \vee \neg p_n$ と同値である．
- $\neg(p_1 \vee \cdots \vee p_n)$ は $\neg p_1 \wedge \cdots \wedge \neg p_n$ と同値である．

自然数 n に関する条件 $p(n)$ が与えられたとします．大学の集合論では 0 を
自然数に含めることが多いですが，ここでは高等学校式に，自然数は 1 から始
まるとしておきます．「$p(1), p(2), p(3), \cdots$ がすべて成り立つ」の否定はどうな
るのでしょうか．もはや，n 個のときと同じやり方で示すことはできません．
しかしこの場合も，「すべて真」の否定は「少なくとも一つは偽」と考えたいわ
けです．そこでふつう，数学では以下の主張を認めます．

> 条件 $p(x)$ が与えられたとする．自然数についての条件でなくてもかまわ
> ない．このとき，「すべての x に対して $p(x)$ が成り立つ」の否定は，「ある
> x が存在して $\neg p(x)$ が成り立つ」と同値である．

　ひとたびこれを認めてしまえば，「ある x が存在して $p(x)$ が成り立つ」の否
定は，「すべての x に対して $\neg p(x)$ が成り立つ」と同値とわかります．$\neg p(x)$
を新しい $p(x)$ だと考えればよいのです．
　「すべての何々に対して」や「ある何々が存在して」はしばしば使う表現
なので，これらを表す記号が用意されています．「すべての x に対して $p(x)$
が成り立つ」を「$\forall x\ p(x)$」と表し，「ある x が存在して $p(x)$ が成り立つ」を
「$\exists x\ p(x)$」と表します．$\forall$ は**任意記号**，**全称記号**などとよばれ，式の中では
for all と読みます．日本語では「**オール**」と読むことが多いです．また $\exists$ は
存在記号，**特称記号**などとよばれ，式の中では there exists と読みます．日本
語では「**エグジスト**」と読むことが多いです．

　任意命題の否定と存在命題の否定（1）
- $\neg\forall x\ p(x)$ は $\exists x\ \neg p(x)$ と同値である．
- $\neg\exists x\ p(x)$ は $\forall x\ \neg p(x)$ と同値である．

　上記もド モルガンの法則とよばれることがあります．否定記号が内側に移
動すると任意記号は存在記号に化け，存在記号は任意記号に化けると覚えま
しょう．
　任意記号や存在記号を扱う論理を**述語論理**といいます．一方，任意記号や
存在記号を扱わず，「かつ」「または」「…でない」などに注目するのが**命題論
理**です．

1.4 ならば命題の否定

数学に現れる「ならば」は 1 種類ではありませんが，教える側がそれを自覚していない場合があるかもしれません．高校数学では「**ならば**」について次のように教えます．

> 集合 E の要素についての条件 p, q が与えられたとする．それらの真理集合をそれぞれ $P = \{x \in E \mid p(x)\}$, $Q = \{x \in E \mid q(x)\}$ とする．このとき，「$p \implies q$」が成り立つことと，「P が Q の部分集合であること」は同じことである．「$p \implies q$」が成り立たないことを示すには，反例があることを示せばよい．この場合の反例とは，全体集合 E の要素 x であって，$p(x)$ はみたすのに $q(x)$ をみたさないものをいう．

証明抜きに結論を言うと，「$p \implies q$」の否定は，反例の存在と同値です．つまり以下の通りです．

ならばの否定（1）

- $\neg(p \implies q)$ は，$\exists x \in E \ (p(x) \wedge \neg q(x))$ と同値である．

「存在命題の否定」を用いると，$p \implies q$ は，$\forall x \in E \ \neg(p(x) \wedge \neg q(x))$ と同値です．さらにド モルガンの法則を用いると，これは $\forall x \in E \ (\neg p(x) \vee q(x))$ と同値です．つまり以下が成り立ちます．

ならばの言い換え（1）

- $p \implies q$ は，$\forall x \in E \ (\neg p(x) \vee q(x))$ と同値である．

　むしろ上記の「ならばの言い換え (1)」を $\implies$ の定義と考える方が，大学の数学では自然です．

質問◎商学部 1 年の宇奈月うい郎と申します．質問してよろしいでしょうか．いまのお話に出てきた「定義」は「定理」とどう違うのでしょうか．

　その言葉が何を意味するか約束するのが**定義**（definition）です．たとえば「3 つの辺の長さが等しい三角形を正三角形という」というのは正三角形の定義です．一方，ある主張が成り立つわけを筋道立てて述べたのが**証明**（proof）で，証明された主張が**定理**（theorem）です．たとえば三平方の定理，別名ピタゴラスの定理を中学校で学んだでしょう．

宇奈月うい郎◎どうもありがとうございます．

　話をもとに戻しましょう．上記の「ならばの言い換え (1)」に現れた $\neg p(x) \vee q(x)$ という部分に注目しましょう．これには名前が付いています．これも「$p(x)$ ならば $q(x)$」といいます．集合の包含関係で表される「ならば」（$\implies$）と区別するため，**命題論理のならば**ともいいます．これを表す記号には方言が多いですが，よく使われるものの一つは「→」です．

ならばの言い換え (2)

- $p \to q$ は，$\neg p \vee q$ と同値である．
- $p \implies q$ は，$\forall x \in E\ (p(x) \to q(x))$ と同値である．

　命題論理のならばについてここまでの話を振り返ってみます．まず $p \wedge \neg q$ という形の式に注目し，ド モルガンの法則によってその否定 $\neg p \vee q$ を求め，それに $p \to q$ という名前を付けました．したがって以下が成り立つことがわかります．

ならばの否定（**2**）

- $\neg(p \to q)$ は，$p \wedge \neg q$ と同値である．

命題論理のならばを導入するのにはさまざまな流儀があります．まず $p \to q$ という式についての約束事をいくつか与え，後から $p \to q$ が $\neg p \vee q$ と同値であることを証明するやり方もあります．

1.5 発展

文字 x を具体的な数で置き換えることを，x にその数を代入するといいます．数でないものを代入することもあります．文字 x に代入してよいもの全体を，x の**変域**といいます．「任意命題の否定と存在命題の否定 (1)」を，x の変域が決まっている場合へ拡張しましょう．「E のすべての要素 x に対して $p(x)$ が成り立つ」を「$\forall x \in E\ p(x)$」と表します．また，「E のある要素 x が存在して $p(x)$ が成り立つ」を「$\exists x \in E\ p(x)$」と表します．より正確には，次のように約束します．

変域付きの任意と存在

- $\forall x\ (x \in E \to p(x))$ を $\forall x \in E\ p(x)$ と略記する．
- $\exists x\ (x \in E \wedge p(x))$ を $\exists x \in E\ p(x)$ と略記する．

では $\forall x \in E\ p(x)$ の否定を求めましょう．$\neg \forall x \in E\ p(x)$ において略記の部分を正式な形に戻すと，$\neg \forall x\ (x \in E \to p(x))$ となります．これは「ならばの言い換え (2)」により，$\neg \forall x\ (\neg x \in E \vee p(x))$ と同値です．「任意命題の否定と存在命題の否定 (1)」およびド モルガンの法則を用いると，上記は $\exists x\ \neg(\neg x \in E \vee p(x))$，さらに $\exists x\ (x \in E \wedge \neg p(x))$ と同値変形できます．

これは $\exists x \in E \ \neg p(x)$ そのものです．以上により，$\forall x \in E \ p(x)$ の否定は $\exists x \in E \ \neg p(x)$ と同値です．$\neg p(x)$ を新しい $p(x)$ と考えれば，$\exists x \in E \ p(x)$ の否定が $\forall x \in E \ \neg p(x)$ と同値であることもわかります．まとめると以下の通りです．

任意命題の否定と存在命題の否定（2）

- $\neg \forall x \in A \ p(x)$ は $\exists x \in A \ \neg p(x)$ と同値である．
- $\neg \exists x \in A \ p(x)$ は $\forall x \in A \ \neg p(x)$ と同値である．

冒頭の質問に出てきた例について考えます．

例題 1.5.1　自然数全体の集合を $\mathbb{N}$ で表す．A は $\mathbb{N}$ の部分集合であるとする．「$\forall n \in \mathbb{N} \ \exists k \in A \ k \geq n$」を r_5 とする．r_5 の否定命題と同値なものを，以下の中から一つ選べ．

$r_6 : \forall n \in \mathbb{N} \ \exists k \in A \ k < n$

$r_7 : \exists n \in \mathbb{N} \ \exists k \in A \ k < n$

$r_8 : \forall n \in \mathbb{N} \ \forall k \in A \ k < n$

$r_9 : \exists n \in \mathbb{N} \ \forall k \in A \ k < n$

考え方　任意記号と存在記号が入れ子式になっていても，上で学んだ規則を複数回適用すればよい．「任意命題の否定と存在命題の否定（2）」を繰り返し適用すると，r_5 の否定は

$$\exists n \in \mathbb{N} \ \neg \exists k \in A \ k \geq n$$

さらに

$$\exists n \in \mathbb{N} \ \forall k \in A \ \neg (k \geq n)$$

と同値変形できる．これは r_9 と同値である．

解　答 r_9

★**次回予告**…人間が書けるサイズの真理値表は，必ず PC でも書けます．
　　論理の学習に PC を取り入れましょう．

第 2 章

表計算の
論理関数とは

2.1 表計算ソフトの NOT 関数

質問◎前回途中で質問した商学部 1 年の宇奈月です．ふだん大きな金額の計算をするとき，鉛筆で筆算することはあまりありません．電卓か PC（パソコン）で計算します．論理の「何々でない」「かつ」「または」も電卓で計算できませんか．電卓が無理なら，誰でも知っているようなアプリで計算する方法を教えてください．また，論理の計算が自動化されて活用されている例があればそれもご教示願います．　　　　　　　　　　　（数蝉大学・宇奈月うい郎）

　現行のほとんどの電卓は論理の計算に対応していません．一方，会計作業によく使う表計算ソフトというジャンルのアプリ（アプリケーションソフト）があり，こちらには論理関数が用意されています．商品名はあえて申しませんが，表のマス目，いわゆるセルに数値や数式を打ち込んで計算する，あのタイプのアプリが表計算ソフトです．論理関数の代表例として，NOT 関数，AND 関数，OR 関数を紹介しましょう．論理の計算が自動化されて活用されている身近な例をあげましょう．毎日，少なくとも 1 回は通販サイトで商品検索をしていませんか．キーワードや条件をいくつか指定して商品検索するとき，ネットの向こう側ではデータベースシステムに組み込まれた論理関数が動いています．

　さっそく **NOT** 関数から始めましょう．たとえば「6 は偶数である」という主張は正しく，「6 は偶数でない」という主張は誤りです．「6 は奇数である」という主張は誤りで，「6 は奇数でない」という主張は正しいです．数学ではこの

例のように，正しい主張に「…でない」を付けて打ち消したものは誤った主張
であり，誤った主張に「…でない」を付けて打ち消したものは正しい主張です．
この決まり事を手短にいいたいとき「真の否定は偽，偽の否定は真」といいま
す．ではこの決まり事を機械に真似させることを考えましょう．ここで真を 1，
偽を 0 で表してみます．人間なら「なぜ真が 1 なのか」と疑問や不満を持つ
かもしれません．しかし PC には疑問や不満などの感情はありません．PC は
算数の計算問題が得意です．PC が自分の強みをいかしてきちんと仕事をして
くれればそれでよいのですから，気楽にいきましょう．我々の目的は「偽の否
定は真，真の否定は偽」という決まりとそっくりなパターンの計算を算数の世
界にみつけることです．「1 にある技をかけると 0 になり，0 に同じ技をかける
と 1 になる」，そういう計算の技がほしいわけです．これは，たとえば以下の
ようにすればできます．

$$1 - 1 = 0, \quad 1 - 0 = 1 \tag{2.1.1}$$

つまり

$$1 - x \tag{2.1.2}$$

という計算を行えば 1 は 0 に化け，0 は 1 に化けます．

宇奈月うい郎 ◎ お話の途中ですみません．式 (2.1.2) で否定を表せるなんて，
言われなければ気づきません．いったいどんな論理的思考でそこにたどりつく
のですか．

　いま宇奈月君のいった「論理的思考」とは学術書で使われる言葉ではなく，
実用書で使われる言葉です．いわゆる自己啓発本やビジネス書で使われていま
す．実用書ふうの言葉でお答えすると，式 (2.1.2) で否定を表せるという着想
は論理的思考で出てきたものではありません．水平思考で出てきたものです．
論理学自体は古代ギリシアのアリストテレス（紀元前 384—紀元前 322）まで
さかのぼれる学問ですが，論理学の一部を算数のようなものとみる考え方は
ずっと新しいのです．本格的に始めたのは，19 世紀イギリスの数学者ブール
（George Boole, 1815—1864）です．「論理の一部は算数だ」と納得するまでに

人類は 2000 年以上かかりました．学問としての論理学の中には論理的思考も
水平思考も両方出てきて，そこが面白いのです．

宇奈月うい郎 ◎論理学は論理的思考だけの世界だと思い込んでいました．

　論理学だけではありません．コンピュータサイエンスにおいても両方の思
考法が必要です．システムに論理的思考をさせるために，システムをデザイン
する側の人間は水平思考をするのです．本題に戻ります．主張が正しいこと，
誤っていることをそれぞれ手短に表す標語が真と偽でした．数学では真を 1，
偽を 0 で表すことも多いし，それぞれ **T, F** で表すことも多いです．PC の世
界で真と偽をどのような記号で表すかはアプリにもよりますが，英語で真を表
す単語 **TRUE** と，偽を表す単語 **FALSE** をそのまま記号として使うことが
あります．そのやり方で話を進めます．TRUE と FALSE のことを**ブール値**
（Boolean value）とよびます．上記の数学者ブールにちなんだ名前です．**真理
値**（truth value）とよぶこともあります．

　PC の世界で関数（function）という言葉はふつう，何か数なり文字列なり
を与えると，アプリが答を返してくれる仕組みを指します．ブール値を一つ受
け取り，TRUE と FALSE をそれぞれ 1 と 0 に読み替えて式 (2.1.2) で計算
し，結果を再びブール値に戻す関数を考えます．この関数の名前はアプリによ
るのですが，英語で「…でない」を表す NOT を使い，NOT 関数とよぶこと
にします．NOT 関数は TRUE を受け取ると FALSE と答え，FALSE を受
け取ると TRUE と答えます．このことを数式風に，次のように書くこともあ
ります．

$$\text{NOT(TRUE)} = \text{FALSE}, \quad \text{NOT(FALSE)} = \text{TRUE} \qquad (2.1.3)$$

　アプリの世界ではなく電子回路の世界には，NOT 関数を計算する NOT 素
子というものもあります．低い電圧の信号が入ると高い電圧の信号を出し，高
い電圧の信号が入ると低い電圧の信号を出す部品です．というより部品の一部
です．処理の高速性を限界まで追求するなら NOT 関数を直接 NOT 素子で
計算しますが，それはアプリを動かす裏方の世界で行われていることです．一
般ユーザー向けアプリが NOT 関数の計算をするとき，いちいち半導体として

の NOT 素子に直接やらせているわけではありません.

　では PC を動かして遊んでみましょう. 表計算ソフトを立ち上げ, 1 行目に A, not A という見出しを作り, A の下に TRUE, その下に FALSE と入力します. 図 2.1.1 左ではセル A2 に TRUE, セル A3 に FALSE が入りました. これらは A が TRUE の場合, A が FALSE の場合, という場合分けを表します. FALSE を上に書く流儀もあり, それは好みの問題です. not A の下に, それぞれの場合の NOT 関数の値が現れるようにします. そこで not A の列で A が TRUE の行のセルにはまず =NOT と書いて括弧を開き, A の列で A が TRUE の行のセル座標を書き, 括弧を閉じます. 図 2.1.1 右では少し気を利かせて, 列に絶対座標を用いて =NOT($A2) としました. Enter キーを押すと FALSE が現れます. さっそく機械が NOT(TRUE) を計算してくれました (図 2.1.2 左). その下のセルも同様です. 括弧の中には A の列で A が FALSE の行のセル座標を入れます. 図 2.1.2 左では =NOT($A3) としました. 再び Enter キーを押すと TRUE が現れます (図 2.1.2 右). 今度は NOT(FALSE) を計算してくれました.

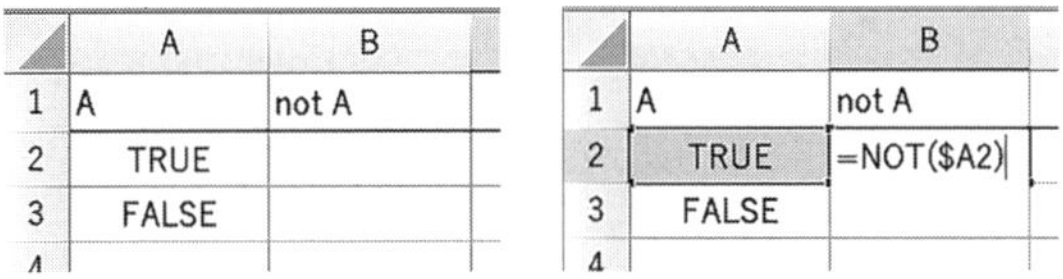

図 **2.1.1**　NOT 関数の入力

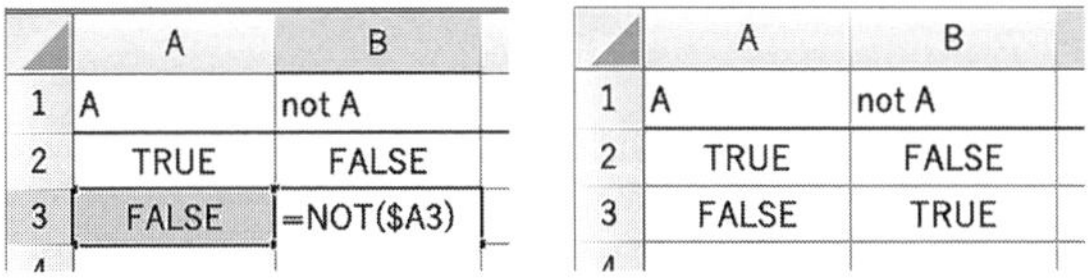

図 **2.1.2**　NOT 関数の入力, 続き

2.2　表計算ソフトの AND 関数

　次に 2 変数論理関数の基本である AND 関数と OR 関数についてみていき
ます．**AND 関数**からいきましょう．たとえば「6 は偶数であるという主張と，
6 は 3 の倍数であるという主張は両方正しい」といいたいとき，「6 は偶数であ
り，かつ，6 は 3 の倍数である」といいます．このように，二つの主張が両方
正しいという主張を，二つの主張を「かつ」でつなぐことによって表します．
「6 は偶数」，「6 は 3 の倍数」は正しい主張ですから，「6 は偶数であり，かつ，
6 は 3 の倍数である」も正しい主張です．正しい主張どうしを「かつ」でつな
ぐと正しい主張になるという決まり事を手短にいうとき「真かつ真は真」とい
います．「6 は偶数であり，かつ，6 は 4 の倍数である」は誤った主張です．「6
は奇数であり，かつ，6 は 3 の倍数である」は誤った主張です．このように，
誤った主張と正しい主張を「かつ」でつなぐと誤った主張になります．これら
の決まり事を手短にいうとき「真かつ偽は偽，偽かつ真は偽」といいます．「6
は奇数であり，かつ，6 は 4 の倍数である」は誤った主張です．このように，
二つの誤った主張を「かつ」でつなぐと誤った主張になります．この決まり事
を手短にいうとき「偽かつ偽は偽」といいます．

　では「真かつ真は真，真かつ偽は偽，偽かつ真は偽，偽かつ偽は偽」という
決まり事と同じパターンの計算を算数の世界に探してみましょう．これは簡単
です．単にかけ算をするだけです．

$$1 \cdot 1 = 1, \quad 1 \cdot 0 = 0, \quad 0 \cdot 1 = 0, \quad 0 \cdot 0 = 0, \tag{2.2.1}$$

つまり

$$xy \tag{2.2.2}$$

という計算を行えば，算数を用いて「かつ」の決まり事を表せます．

　参考までに別解を一つ示しておきます．x と y の大きくない方を x, y の最
小値（ミニマム）といいます．大きくない方，というのは変な言い方ですが，
要するに小さい方のことです．ただし x と y の値が等しいときはその共通の
値です．ふつう数学では x, y の最小値を $\min(x, y)$ などと書きます．

$$\min(1,1) = 1, \quad \min(1,0) = 0,$$
$$\min(0,1) = 0, \quad \min(0,0) = 0 \tag{2.2.3}$$

となりますから，積の代わりにミニマムを採用してもかまいません．

　ブール値を数に直して $1-x$ を計算して結果をブール値に戻す関数を，さきほど NOT 関数と名付けました．同様にして上記の積，あるいはミニマムから定まる関数を AND 関数とよびます．「A かつ B」を英語に直訳すると「A and B」という語順になりますが，AND を関数だと思うときは三角関数などと同じように関数名を先頭に置くこともあります．ここではその流儀でいきます．

$$AND(TRUE, TRUE) = TRUE,$$
$$AND(TRUE, FALSE) = FALSE, \tag{2.2.4}$$
$$AND(FALSE, TRUE) = FALSE,$$
$$AND(FALSE, FALSE) = FALSE \tag{2.2.5}$$

　再び PC で遊びましょう．表計算ソフトを立ち上げ，1 行目に A, B, A and B という見出しを作ります．A の TRUE と FALSE それぞれの場合に対してさらに B の TRUE と FALSE の場合がありますから，4 通りの場合をもれなく入力します（図 2.2.1 左）．

	A	B	C
1	A	B	A and B
2	TRUE	TRUE	
3	TRUE	FALSE	
4	FALSE	TRUE	
5	FALSE	FALSE	
6			

	A	B	C
1	A	B	A and B
2	TRUE	TRUE	=AND($A2,$B2)
3	TRUE	FALSE	
4	FALSE	TRUE	
5	FALSE	FALSE	
6			

図 **2.2.1**　AND 関数の入力 (1)

　さきほどと同じように A and B の列には AND 関数を書いていきます．今回は引数（関数の括弧の中に入れる式や値）が二つあるので，A の列のセルの座標，カンマで区切って B の列のセルの座標，という要領で書きます．図 2.2.1

右では最初が =AND($A2, $B2) で，その下は上から順に =AND($A3, $B3)
（図 2.2.2 左），=AND($A4, $B4)（図 2.2.2 右），=AND($A5, $B5)（図 2.2.3
左）です．一通り入力すると AND 関数の計算結果が現れます（図 2.2.3 右）．

	A	B	C
1	A	B	A and B
2	TRUE	TRUE	TRUE
3	TRUE	FALSE	=AND($A3,$B3)
4	FALSE	TRUE	
5	FALSE	FALSE	
6			

	A	B	C
1	A	B	A and B
2	TRUE	TRUE	TRUE
3	TRUE	FALSE	FALSE
4	FALSE	TRUE	=AND($A4,$B4)
5	FALSE	FALSE	
6			

図 **2.2.2**　AND 関数の入力 (2)

	A	B	C
1	A	B	A and B
2	TRUE	TRUE	TRUE
3	TRUE	FALSE	FALSE
4	FALSE	TRUE	FALSE
5	FALSE	FALSE	=AND($A5,$B5)
6			

	A	B	C
1	A	B	A and B
2	TRUE	TRUE	TRUE
3	TRUE	FALSE	FALSE
4	FALSE	TRUE	FALSE
5	FALSE	FALSE	FALSE
6			

図 **2.2.3**　AND 関数の入力 (3)

　電子回路の部品である AND 素子は，AND 関数を計算します．入力端子二
つと出力端子一つをもち，両方の入力端子に高い電圧の信号が入ったときだけ
高い電圧の信号を出力し，それ以外の場合は低い電圧の信号を出力します．

2.3　表計算ソフトの OR 関数

　今度は **OR 関数**についてみていきます．たとえば「6 は偶数であるという
主張と，6 は 3 の倍数であるという主張の少なくとも一方は正しい」といいた
いとき，「6 は偶数であるか，または，6 は 3 の倍数である」といいます．この
ように，二つの主張の少なくとも一方が正しいという主張を，二つの主張を
「または」でつなぐことによって表します．日常用語では「二つの主張の一方

だけが正しい」の意味で「または」を使うこともありますが，数学や論理学ではふつう，「少なくとも一方が正しい」の意味で使います.

たとえば「6 は偶数であるか，または，6 は 3 の倍数である」は正しい主張です. 正しい主張どうしを「または」でつなぐと正しい主張になるという決まり事を手短にいうとき「真または真は真」といいます. 字面だけ眺めると奇妙ですが，あくまでも「正しい主張と正しい主張を「または」でつなぐと正しい主張になる」を縮めて標語にしただけです.「6 は偶数であるか，または，6 は 4 の倍数である」は正しい主張です. 前半が正しいからです.「6 は奇数であるか，または，6 は 3 の倍数である」も正しい主張です. 後半が正しいからです. このように，誤った主張と正しい主張を「または」でつなぐと正しい主張になります. これらの決まり事を手短にいうとき「真または偽は真，偽または真は真」ということがあります.「6 は奇数であるか，または，6 は 4 の倍数である」は誤った主張です. 前半後半ともに誤りだからです. このように，二つの誤った主張を「または」でつなぐと誤った主張になります. この決まり事を手短にいうとき「偽または偽は偽」といいます.

では「真または真は真，真または偽は真，偽または真は真，偽または偽は偽」という決まり事と同じパターンの計算を算数の世界に探してみましょう. さきほどかけ算が有効だったので足し算はどうでしょうか. 試してみると $1+0=1, 0+1=1, 0+0=0$ は好都合ですが，$1+1=2$ になってしまうところが惜しいです. ここの計算結果が 1 になってほしいのです. そこで少し手直しします.

$$1+1-1\cdot1=1, \quad 1+0-1\cdot0=1,$$
$$0+1-0\cdot1=1, \quad 0+0-0\cdot0=0, \tag{2.3.1}$$

つまり

$$x+y-xy \tag{2.3.2}$$

という計算を行えば，算数を用いて「または」の決まり事を表せます.

別解を示します. x と y の小さくない方を x,y の最大値（マキシマム）といいます. 要するに大きい方のことですが，x と y の値が等しいときはその共

通の値です．ふつう数学では x, y の最大値を $\max(x, y)$ などと書きます．

$$\max(1,1) = 1, \quad \max(1,0) = 1,$$
$$\max(0,1) = 1, \quad \max(0,0) = 0 \tag{2.3.3}$$

となりますから，式 (2.3.2) の代わりにマキシマムを採用することもできます．

式 (2.3.2)，あるいはマキシマムから定まる関数を OR 関数とよびます．「A または B」を英語に直訳すると「A or B」という語順になりますが，OR を関数だと思うときは関数名を先頭に置くこともあります．ここではその流儀でいきます．各々の入力に対する OR 関数の出力は以下の通りです．

$$\mathrm{OR(TRUE, TRUE)} = \mathrm{TRUE},$$
$$\mathrm{OR(TRUE, FALSE)} = \mathrm{TRUE}, \tag{2.3.4}$$
$$\mathrm{OR(FALSE, TRUE)} = \mathrm{TRUE},$$
$$\mathrm{OR(FALSE, FALSE)} = \mathrm{FALSE} \tag{2.3.5}$$

PC での計算は AND 関数と同様にしてできます．関数名を AND ではなく OR にしましょう（図 2.3.1, 2.3.2）．

	A	B	C
1	A	B	A or B
2	TRUE	TRUE	
3	TRUE	FALSE	
4	FALSE	TRUE	
5	FALSE	FALSE	
6			

	A	B	C
1	A	B	A or B
2	TRUE	TRUE	=OR($A2,$B2)
3	TRUE	FALSE	
4	FALSE	TRUE	
5	FALSE	FALSE	
6			

図 **2.3.1**　OR 関数の入力 (1)

	A	B	C
1	A	B	A or B
2	TRUE	TRUE	TRUE
3	TRUE	FALSE	=OR($A3,$B3)
4	FALSE	TRUE	
5	FALSE	FALSE	

	A	B	C
1	A	B	A or B
2	TRUE	TRUE	TRUE
3	TRUE	FALSE	TRUE
4	FALSE	TRUE	TRUE
5	FALSE	FALSE	FALSE

図 2.3.2　OR 関数の入力 (2)

　OR 関数を計算する OR 素子というものもあります．これも入力端子二つと出力端子一つをもち，両方の入力端子に低い電圧の信号が入ったときだけ低い電圧の信号を出力し，それ以外の場合は高い電圧の信号を出力します．

　★次回予告…論理関数のドモルガンの法則を，PC を使って確かめましょう．

第3章

表計算と算数で ド モルガンの法則を確かめたい

宇奈月うい郎◎前回に引き続きよろしくお願いします．商学部 1 年の宇奈月です．ところで前回以来，AND(A, B) と書いたり A and B と書いたりしているようですが，これらは違うものなのですか．それとも，同じものの別名なのですか．

　方言の違いです．PC の論理関数としては AND(A, B) が自然な書き方です．セルに入力するときは =AND(セルの座標 1, セルの座標 2) の形に書きますから．おおらかに言うと，この関数は命題「A かつ B」のブール値を計算しています．数学の命題を and (p, q) の語順に書く文献もありますが，あまり皆さんにはなじみがないですよね．その語順ではなく，p and q や $p \wedge q$ の語順で書く方がなじみ深いでしょう．そこで「なじみ深い語順で言うと，こういう命題のブール値を計算する関数ですよ」という気持ちを込めて，シートに論理関数の名前を書くとき A and B のように書いています．文字 A が命題なのか，そのブール値なのかもぼかして，おおらかに書いているわけです．

宇奈月うい郎◎おおらかに考えないで，神経質に考えるとどうなりますか．

　その場合，以下のようになります．

　　　　(命題 $p \wedge q$ のブール値)

　　　　　= AND((命題 p のブール値), (命題 q のブール値))　　　　(3.0.1)

井伊江のん◎前々回はお世話になりました．数学科 1 年の井伊江です．前回

の宇奈月君と先生のやりとりを拝聴していました．前々回のお話に出てきたド
モルガンの法則や分配法則は，表計算ソフトの論理関数に対してもきっと成り
立つと確信しているのですが，どうやって確かめたらよいのでしょうか．

　では今回は，論理関数についてのいろいろな法則を，PC や算数を使って確
かめる話をします．

3.1　論理関数のドモルガンの法則

　例題 3.1.1　二つの論理関数 not (A and B) と (not A) or (not B) が同じ
論理関数であることを示せ．

　考え方　くそまじめにいうと，これら二つの主張に対応する論理関数が同
じものであることを示せ，ということです．つまり関数として

$$\mathrm{NOT}(\mathrm{AND}(a, b)) = \mathrm{OR}(\mathrm{NOT}(a), \mathrm{NOT}(b))$$

という等式が成り立つことを示せということです．まずは，人力で表を書くと
きのやり方を，そのまま PC で再現してみましょう．

　解 1　論理関数 A and B を計算したシートで，見出し A and B の右隣に，
順に not (A and B), not A, not B, (not A) or (not B) という見出しを作る．
A and B のブール値を書いたセルのうち一番上のものの座標が C2 とすると，
その右隣には C2 に入っている値の否定を書きたいので，=NOT($C2) と書
く．下のセルも同様に埋めて，not (A and B) を計算しておく．また，not A
という見出しの下には同じ行の A の否定を書きたいので，=NOT($A2) と書
く．下のセルも同様に埋めて not A を計算しておく．not B も同様である．最
初は =NOT($B2) とする．最後に (not A) or (not B) を計算する．同じ行の
not A と not B を「または」でつないだ値を知りたい．そこで not A, not
B のブール値を書いたセルのうち一番上のものの座標がそれぞれ E2, F2 だ
とすると，その行の (not A) or (not B) のセルには =OR($E2, $F2) と書く．
その列の一番下は =OR($E5, $F5) である（図 3.1.1）．こうして not (A and
B) と (not A) or (not B) の計算結果を比べると，たしかに同じになっている
（図 3.1.2）．

	A	B	C	D	E	F	G
1	A	B	A and B	not (A and B)	not A	not B	(not A) or (not B)
2	TRUE	TRUE	TRUE	FALSE	FALSE	FALSE	FALSE
3	TRUE	FALSE	FALSE	TRUE	FALSE	TRUE	TRUE
4	FALSE	TRUE	FALSE	TRUE	TRUE	FALSE	TRUE
5	FALSE	FALSE	FALSE	TRUE	TRUE	TRUE	=OR(E5,F5)
6							

図 3.1.1　論理関数のド モルガンの法則 (1)

	A	B	C	D	E	F	G
1	A	B	A and B	not (A and B)	not A	not B	(not A) or (not B)
2	TRUE	TRUE	TRUE	FALSE	FALSE	FALSE	FALSE
3	TRUE	FALSE	FALSE	TRUE	FALSE	TRUE	TRUE
4	FALSE	TRUE	FALSE	TRUE	TRUE	FALSE	TRUE
5	FALSE	FALSE	FALSE	TRUE	TRUE	TRUE	TRUE
6							

図 3.1.2　論理関数のド モルガンの法則 (2)

　上記の解 1 は，せっかく PC を使っているのに，手書きの仕事術をひきずっています．計算の途中結果をメモする作業も PC の頭の中だけでやってもらいましょう．PC の論理関数を入れ子にして表を作り直します．

　解 1（修正版）　表計算ソフトのシートの 1 行目に見出し A, B, not (A and B), (not A) or (not B) を設定する．以下，これらが順に A 列から D 列とする．座標 C2 のセルには =NOT(AND($A2, $B2)) と書き（図 3.1.3），C3 から C5 も同様にする．座標 D2 のセルには =OR(NOT($A2), NOT($B2)) と書き（図 3.1.4），D3 から D5 も同様にする．こうして not (A and B) と (not A) or (not B) の計算結果を比べると，たしかに同じになっている（図 3.1.5）．

	A	B	C	D	E
1	A	B	not (A and B)	(not A) or (not B)	
2	TRUE	TRUE	=NOT(AND($A2,$B2))		
3	TRUE	FALSE			
4	FALSE	TRUE			
5	FALSE	FALSE			
6					

図 **3.1.3**　論理関数のドモルガンの法則 (3)

	A	B	C	D	E
1	A	B	not (A and B)	(not A) or (not B)	
2	TRUE	TRUE	FALSE	=OR(NOT($A2),NOT($B2))	
3	TRUE	FALSE	TRUE		
4	FALSE	TRUE	TRUE		
5	FALSE	FALSE	TRUE		
6					

図 **3.1.4**　論理関数のドモルガンの法則 (4)

	A	B	C	D	E
1	A	B	not (A and B)	(not A) or (not B)	
2	TRUE	TRUE	FALSE	FALSE	
3	TRUE	FALSE	TRUE	TRUE	
4	FALSE	TRUE	TRUE	TRUE	
5	FALSE	FALSE	TRUE	TRUE	
6					

図 **3.1.5**　論理関数のドモルガンの法則 (5)

　次に算数を使って，not (A and B) と (not A) or (not B) が論理関数として同じだと確かめてみます．文字を使うので，正確には算数というより中学 1 年レベルの数学というべきでしょうか．二つのブール関数を，A のブール値と B のブール値の四則計算の式で表して比べます．格好良く一つの等式にまとめる必要はありません．それぞれを簡単な形に書き換えて比べるのが楽です．

　解 2　真，偽，A のブール値，B のブール値をそれぞれ 1, 0, a, b で表す．与えられた二つのブール関数をこれらの式で表して比べよう．以下の四則計算

の記号は，通常の整数の四則計算を表す.

(not (A and B) のブール値)

$$= 1 - (\text{A and B のブール値}) \qquad [\text{not を表す式は } (2.1.2)]$$

$$= 1 - ab \qquad\qquad [\text{and を表す式は } (2.2.2)] \qquad (3.1.1)$$

((not A) or (not B) のブール値)

$$= (\text{not A のブール値}) + (\text{not B のブール値})$$

$$\quad - (\text{not A のブール値}) \cdot (\text{not B のブール値}) \qquad [\text{or を表す式は } (2.3.2)]$$

$$= (1 - a) + (1 - b) - (1 - a)(1 - b) \qquad [\text{not を表す式は } (2.1.2)]$$

$$= 1 + 1 - a - b - (1 - a - b + ab) \qquad\quad [\text{地道に計算}]$$

$$= 1 - ab \qquad\qquad\qquad\qquad\qquad\qquad\qquad (3.1.2)$$

ここで (3.1.1), (3.1.2) により二つの論理関数 not (A and B) と (not A) or (not B) は同じ論理関数である.

例題 3.1.2　二つの論理関数 not (A or B) と (not A) and (not B) が同じ論理関数であることを示せ.

解 1　表計算ソフトのシートの 1 行目に見出し A, B, not (A or B), (not A) and (not B) を設定する. A, B のブール値が入っているセルの座標がそれぞれ A2, B2 のとき, not (A or B) のブール値を表示したいセルには =NOT(OR($A2, $B2)) と書き, (not A) and (not B) のブール値を表示したいセルには =AND(NOT($A2), NOT($B2)) と書く. ほかの行も同様にする. こうして not (A or B) と (not A) and (not B) の計算結果を比べると, たしかに同じになっている（図 3.1.6）.

	A	B	C	D
1	A	B	not (A or B)	(not A) and (not B)
2	TRUE	TRUE	FALSE	FALSE
3	TRUE	FALSE	FALSE	FALSE
4	FALSE	TRUE	FALSE	FALSE
5	FALSE	FALSE	TRUE	TRUE
6				

図 **3.1.6**　論理関数のド モルガンの法則 (6)

解 2　真，偽，A のブール値，B のブール値をそれぞれ 1, 0, a, b で表す．与えられた二つのブール関数をこれらの式で表して比べよう．以下の四則計算の記号は，通常の整数の四則計算を表す．

(not (A or B) のブール値)

$= 1 - ($A or B のブール値$)$　　[not を表す式は (2.1.2)]

$= 1 - (a + b - ab)$　　[or を表す式は (2.3.2)]

$$= 1 - a - b + ab \tag{3.1.3}$$

((not A) and (not B) のブール値)

$= ($not A のブール値$) \cdot ($not B のブール値$)$　　[and を表す式は (2.2.2)]

$= (1 - a)(1 - b)$　　[not を表す式は (2.1.2)]

$$= 1 - a - b + ab \tag{3.1.4}$$

ここで (3.1.3), (3.1.4) により二つの論理関数 not (A or B) と (not A) and (not B) は同じ論理関数である．

	A	B	C	D
1	A	not not A	A and A	A or A
2	TRUE			
3	FALSE			
4				

	A	B	C	D
1	A	not not A	A and A	A or A
2	TRUE	TRUE	TRUE	TRUE
3	FALSE	FALSE	FALSE	FALSE
4				

図 **3.1.7**　A, not not A, A and A, および A or A

3.2　二重否定除去・べき等法則・排中律

例題 3.2.1　三つの論理関数 not not A, A and A, A or A は同じ論理関数であり，ただの A と同じであることを示したい．図 3.1.7 左の空白のセル（座標でいうと B2, C2, D2, B3, C3, D3）に入れる適切な式を答えよ．

解　B2, C2, D2 は 順 に ＝NOT(NOT($A2)), ＝AND($A2, $A2), ＝OR($A2, $A2). B3, C3, D3 は順に ＝NOT(NOT($A3)), ＝AND($A3, $A3), ＝OR($A3, $A3).

PC を使わずに算数で確かめるなら，以下の式が成り立つことを確認すればよいでしょう．ただし a がとり得る値は 0, 1 のみとしています．

$$1 - (1 - a) = a, \quad \min(a, a) = a, \quad \max(a, a) = a.$$

「not not A と A は論理関数としては同じである」という法則を**二重否定の除去**ということがあります．また，「A and A と A は論理関数としては同じである」，「A or A と A は論理関数としては同じである」という法則をそれぞれ，AND の**べき等法則**，OR のべき等法則といいます．

例題 3.2.2　A or not A のブール値は必ず真（TURE）になることを確かめよ．手段は PC でも算数でもよい．

PC で確かめる方法は自力で試してみましょう（ヒント：A のブール値が入っているセルの座標が A2 のとき，A or not A のブール値を表示したいセルには ＝OR($A2, NOT($A2)) と書く）．

解　真，偽，A のブール値をそれぞれ 1, 0, a で表す．四則計算の記号は，通常の整数の四則計算を表す．(A or not A のブール値) $= a + (1 - a) - a(1 - a) = 1 - a + a^2$. ここで a のとり得る値は 0, 1 のみだから $a^2 = a$ であることに注意すると，最後の式の値は 1，つまり真．

「A or not A は必ず成り立つ」という法則を**排中律**といいます．

3.3　交換法則・結合法則・分配法則ほか

例題 3.3.1　以下の各々を確認せよ．手段は PC でも算数でもよい．

1. **交換法則**：A and B と B and A は論理関数として同じである．
2. 交換法則：A or B と B or A は論理関数として同じである．
3. **結合法則**：(A and B) and C と A and (B and C) は論理関数として同じである．
4. 結合法則：(A or B) or C と A or (B or C) は論理関数として同じである．
5. **分配法則**：(A or B) and C と (A and C) or (B and C) は論理関数として同じである．
6. 分配法則：(A and B) or C と (A or C) and (B or C) は論理関数として同じである．
7. **吸収法則**：A and (A or B) と A は論理関数として同じである．
8. 吸収法則：A or (A and B) と A は論理関数として同じである．

　PC で確かめる方法についてはヒントと結果の一部を示しておきます．結合法則と分配法則を確認するときは A のブール値，B のブール値，C のブール値のすべての組み合わせ 8 通りをもれなく，重複なく並べておく必要があります．A のブール値，B のブール値，C のブール値が書いてあるセルの座標がそれぞれ，$A2, $B2, $C2 の場合，分配法則に現れる (A or B) and C のブール値を表示したいセルに書く式は，=AND(OR($A2, $B2), $C2) です．また，(A and C) or (B and C) のブール値を表示したいセルに書く式は，=OR(AND($A2, $C2), AND($B2, $C2)) です．結合法則を確かめた結果（図 3.3.1）と，分配法則を確かめた結果（図 3.3.2）を示します．

	A	B	C	D	E	F	G
1	A	B	C	(A and B) and C	A and (B and C)	(A or B) or C	A or (B or C)
2	TRUE	TRUE	TRUE	TRUE	TRUE	TRUE	TRUE
3	TRUE	TRUE	FALSE	FALSE	FALSE	TRUE	TRUE
4	TRUE	FALSE	TRUE	FALSE	FALSE	TRUE	TRUE
5	TRUE	FALSE	FALSE	FALSE	FALSE	TRUE	TRUE
6	FALSE	TRUE	TRUE	FALSE	FALSE	TRUE	TRUE
7	FALSE	TRUE	FALSE	FALSE	FALSE	TRUE	TRUE
8	FALSE	FALSE	TRUE	FALSE	FALSE	TRUE	TRUE
9	FALSE	FALSE	FALSE	FALSE	FALSE	FALSE	FALSE
10							

図 3.3.1　論理関数の結合法則

	A	B	C	D	E	F	G
1	A	B	C	(A or B) and C	(A and C) or (B and C)	(A and B) or C	(A or C) and (B or C)
2	TRUE	TRUE	TRUE	TRUE	TRUE	TRUE	TRUE
3	TRUE	TRUE	FALSE	FALSE	FALSE	TRUE	TRUE
4	TRUE	FALSE	TRUE	TRUE	TRUE	TRUE	TRUE
5	TRUE	FALSE	FALSE	FALSE	FALSE	FALSE	FALSE
6	FALSE	TRUE	TRUE	TRUE	TRUE	TRUE	TRUE
7	FALSE	TRUE	FALSE	FALSE	FALSE	FALSE	FALSE
8	FALSE	FALSE	TRUE	FALSE	FALSE	TRUE	TRUE
9	FALSE	FALSE	FALSE	FALSE	FALSE	FALSE	FALSE
10							

図 3.3.2　論理関数の分配法則

　結合法則により, $\mathrm{AND}(\mathrm{AND}(a,b),c) = \mathrm{AND}(a, \mathrm{AND}(b,c))$ となります. どちらでも同じなので, 表計算ソフトでは $\mathrm{AND}(a,b,c)$ という書き方が許されています. OR についても同様です.

　解　真, 偽, A のブール値, B のブール値, C のブール値をそれぞれ 1, 0, a, b, c で表す. 四則計算の記号は, 通常の整数の四則計算を表す.

1. (A and B のブール値) $= ab = ba =$ (B and A のブール値). 別解としては (A and B のブール値) $= \min(a,b) = \min(b,a) =$ (B and A の ブール値).

2. (A or B のブール値) $= a + b - ab = b + a - ba =$ (B or A のブール 値). 別解としては (A or B のブール値) $= \max(a,b) = \max(b,a) =$

(B or A のブール値).

3. ((A and B) and C のブール値) $= (ab)c = a(bc) =$ (A and (B and C) のブール値).

4. ((A or B) or C のブール値) $= (a+b-ab)+c-(a+b-ab)c = a+b+c-ab-bc-ca+abc$.

   (A or (B or C) のブール値) $= a+(b+c-bc)-a(b+c-bc) = a+b+c-ab-bc-ca+abc$.

   両者は一致することが確かめられた.

5. ((A or B) and C のブール値) $= (a+b-ab)c = ac+bc-abc$.

   ((A and C) or (B and C) のブール値) $= ac+bc-acbc = ac+bc-abc^2$.

   ここで c は 0 か 1 だから $c^2 = c$ であることに注意すると両者が一致することがわかる.

6. ((A and B) or C のブール値) $= ab+c-abc$.

   ここで c は 0 か 1 だから $c^2 = c$ であることに注意して計算すると, ((A or C) and (B or C) のブール値) $= (a+c-ac)(b+c-bc) = ab+ac-abc+bc+c-bc-abc-ac+abc = ab+c-abc$.

   よって両者は一致する.

7. ここで a は 0 か 1 だから $a^2 = a$ であることに注意して計算すると, (A and (A or B) のブール値) $= a(a+b-ab) = a+ab-ab = a =$ (A のブール値).

8. ここで a は 0 か 1 だから $a^2 = a$ であることに注意して計算すると, (A or (A and B) のブール値) $= a+ab-aab = a+ab-ab = a =$ (A のブール値).

★次回予告…集合の演算を PC で見えるようにしましょう.

---第 **4** 章---

集合の例を 表計算で見たい

4.1 集合と要素

　論理といえば集合がつきものです．集合のなかでもとっつきやすい，データの集合について考えましょう．

宇奈月うい郎◎井伊江さん，もう授業始まってるよ．下向いて何してんの．
井伊江のん◎ごめん，ちょっとネット書店で参考書調べてた．

　ほう，ネット書店で検索ですか．

井伊江のん◎すいません，いま閉じます．

　謝ることないですよ．そのネット書店の中でもデータの集合が動いています．今回の話とばっちり関係していますよ．

井伊江のん◎無理矢理なフォローありがとうございます．
宇奈月うい郎◎データの集合って，データの集まりということですか．

　そうです．たとえば会員番号とパスワードをペアにしたデータの集まりとか．もちろん，我々一般ユーザからは見えないところに格納されています．

宇奈月うい郎◎データの集まりというのはなかなか想像がつかないです．

　大雑把にいってしまえばこんな感じです（図 4.1.1）．

	A	B
1	会員番号	パスワード
2	1234567	mS06gsk1p19tU
3	1234568	r4Ve1aTx124On
4	1234569	bE10vyH0eNda1Q
5	1234570	vo1v2Ga74m42uS

図 **4.1.1** 会員番号とパスワード

宇奈月うい郎◎うわ，こんなパスワードの表なんか見せていいんですか．

　これは架空の表ですから大丈夫です．

井伊江のん◎通販サイトの会員番号とパスワードは，こういうふうに表計算ソフトのシートで管理されているのですか．

　違いますが，よく似た仕組みを使っています．会員番号とパスワードの対をデータの単位だと思うと，この表（図 4.1.1）はそういうデータの集まりとみなせます．集合とは何かを真面目に問うと奥深いのですが，今回は簡単な場合だけ考えます．表計算ソフトのセル（マス目）に書けるデータをいくつか集めてできる集合や，それらを少しだけ抽象化した集合だけを考えます．

井伊江のん◎少しだけ抽象化って，たとえばどんな感じでしょうか．

　ついさきほど見た例（図 4.1.1）では，会員番号とパスワードの対をデータの単位とみなしました．しかし，これらは二つのセルに分かれて入っています．データの単位を一つのセルに入れたければ，たとえば図 4.1.2 のように書き直す必要があるでしょう．しかし，図 4.1.1 を見るとき，我々が心の中で会員番号とパスワードの対をひとかたまりだと思ってあげれば，わざわざシートを書き直す必要はありません．こんなふうに，データのかたまりをデータとみなしてあげたり，データのパターンをデータとみなしてあげたいな，という気持ちを込めて「少しだけ抽象化」と言ってみました．

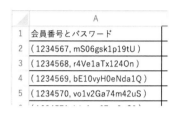

図 **4.1.2**　会員番号とパスワード，その 2

井伊江のん ◎さらにもう少し抽象化するとどんな感じになりますか．

　たとえば，確率の話をしているとき，事象を集合で表すことがあります．サイコロを一つ投げる場合，偶数の目が出るという事象は 2 と 4 と 6 を集めた集合で表せます．また，6 の約数の目が出るという事象は 1, 2, 3, 6 を集めた集合で表せます．何かの目が出る，という当たり前の事象は，1, 2, 3, 4, 5 と 6 を集めた集合で表せます．これを E としましょう．このとき 1, 2, 3, 4, 5, 6 の各々は E の**要素**とよばれます．要素の代わりに元といったりメンバーといったりもします．x が E の要素であることを「x は E に属する」ともいい，$x \in E$ と書きます．

宇奈月うい郎 ◎x が E の要素であることを「x は E に含まれる」といってもいいですか．

　いけません．でも，専門家でもついうっかりそう言うことがたまにあります．

井伊江のん ◎いけない言葉づかいでもたまに言っちゃうんですか．

　数学も人間のやることですから．

宇奈月うい郎 ◎「ナントカはコレコレに含まれる」という言い方自体はよく聞きますよね．

　「含まれる」は「属する」とは別の意味に使うのです．集合 A のどの要素も集合 B の要素であるとき，A は B の**部分集合**であるといいます．部分集合は，英語ではサブセット（subset）です．ただし B がんであっても，空集

合は B の部分集合であると約束します．A が B の部分集合であることを，A は B に**含まれる**ともいいます．A が B の部分集合であるとき，A と B が等しい可能性も排除しません．A が B の部分集合で，なおかつ A と B が異なるとき，A は B の**真部分集合**（proper subset）であるといいます．

宇奈月うい郎◎空集合ってなんでしたっけ．

　要素が 0 個の集合も認めてあげて，**空集合**とよびます．記号は $\emptyset$ です．日本の高校数学ではギリシャ文字の小文字のファイ ϕ を使います．

井伊江のん◎話の腰を折ってすみませんが，記号 $\emptyset$ はなんと読むのですか．

　私はエンプティ・セットと読んだり，クウシュウゴウと読んだりしています．

井伊江のん◎記号についてもう一つうかがいます．「A は B の部分集合である」を数式で書くとき，下に横線なしの記号を使って $A \subset B$ とするのと，横線ありの記号を使って $A \subseteq B$ とするのと，どちらが正しいのですか．

　方言の違いです．ここだけの呼び名ですが，さしあたり前者を下線なし方式，後者を下線あり方式と呼びましょう．A が B の真部分集合であることを数式で書くとき，下線なし方式ではふつう $A \subsetneq B$ と書き，下線あり方式では $A \subset B$ と書きます．細かいことをいうと，もっといろいろな方言がありますが，深入りしないことにします．1960 年代半ばには，アメリカでも日本でも論理学の専門書では前者の下線なし方式が優勢でした．その後，アメリカの専門書では下線あり方式が盛り返しました．もはや英語圏では下線あり方式が標準になりました．一方，日本の高校の教科書では下線なし方式が標準として定着しました．2020 年頃の時点では，英語圏と日本国内で標準的な記号がずれています．

井伊江のん◎数式は世界共通じゃないんですか．

　数学も人間のやることですからねえ．話の流れをもとに戻しますよ．二つの集合 A と B が互いに相手の部分集合であるとき，A と B は同じ集合であるとみなします．この約束を**外延性公理**といいます．

井伊江のん◎公理って，何でしょうか．いまネットで検索したら「自明の理」と出てきました．つまり，当たり前に正しいことですか．

　公理，つまり axiom（アクシオム）という言葉の意味は時代と文脈によってかなり違います．時代によっては，そして文脈によっては「自明の理」という意味で使われます．20 世紀以降の数学では，あまりそういう使い方はしません．

宇奈月うい郎◎ 20 世紀の数学で，公理という言葉はどういう意味なんでしょうか．

　それも文脈次第です．ここでは「外延性公理」でひとかたまりの言葉だと思ってください．

4.2　集合の表し方

　集合を表すには，要素がみたす条件を書く方法と，要素を並べて書く方法があります．たとえば 1 以上 6 以下の自然数全体は，要素がみたす条件を使って書くと $\{n \mid n$ は 1 以上 6 以下の自然数$\}$ となるし，要素を並べて $\{1, 2, 3, 4, 5, 6\}$ とも書けます．1 以上 6 以下の偶数全体は $\{n \mid n$ は 1 以上 6 以下の偶数$\}$ とも書けるし，$\{2, 4, 6\}$ とも書けます．要素がみたす条件を区切るため，縦棒 $|$ の代わりにコロン : を用いる流儀もあります．集合を表す括弧は波括弧あるいはブレースとよばれます．ふつうの括弧は数式をまとめるのに使いますが，集合の括弧はそれらとは別物です．ふつうの括弧として波括弧を使う場合もありますが，それは集合の波括弧とは違います．ふつうの括弧なら，冗長かどうかは別にして，二重にしても同じです．たとえば $(7 + 4) \times 3$ と $((7 + 4)) \times 3$ は同じです．しかし集合として $A = \{7, 4\}$ と $B = \{\{7, 4\}\}$ は違うものです．A の要素は 7 と 4 です．B の要素は A だけです．

井伊江のん◎数学は記号一つに意味一つじゃないんですか．

　数学の記号は，必ずしも一つだけの意味をもつわけではありません．逆に，同じものがいろいろな式で表されることもあります．

井伊江のん◎ひどい.

　ひどくないです. すでに例をご存知のはずですよ. たとえば 500×2 と 1000×1 は同じ値でしょう.

井伊江のん◎ある意味で, 違いますよ.

　えっ, 違うんですか.

井伊江のん◎塾講師のバイトをしているんですが, 小学生には 2×3 と 3×2 は違うものとして教えろと塾長に言われました. だからきっと 500×2 と 1000×1 も違うと思います.
宇奈月うい郎◎小学校の算数は難しいなあ. その点, 大学の数学は合理的でいいですね.

　大学でも, 500×2 と 1000×1 は違う式です.

宇奈月うい郎◎あれ, ついさっきは違うとおっしゃいませんでしたか.

　式としては違うもので, 値としては同じなんです.

宇奈月うい郎◎大学の数学も難しいなあ.

　そこは難しくないですよ. 五百円玉 2 枚組と千円札 1 枚は, 物理的には違うものです. 一方, 金額の値としては同じです. 表し方が違っていて, 値としては同じということです. よくある話ですよ.

宇奈月うい郎◎なるほど.
井伊江のん◎小学生は「なるほど」と思ってくれないですよ, きっと.
宇奈月うい郎◎小学生の気持ちなんて, もう忘れました. 僕は後ろを振り向きません. 前だけ見て進みます. 話を前へ進めてください.

　そうそう, 同じ集合がいろいろな式で表されることもあると言いたかったのです. たとえば $\{1,2,3\}$ と $\{3,2,3,1\}$ は同じ集合です. つまり要素を書き並べて集合を表すとき, 要素の順番を変えたり, 同じ要素を 2 回以上書いても集

合としては同じです．式で書すときも，図 4.1.2 のように表計算ソフトを使っ
て集合を表すときも，どうしても要素に順番が付いてしまいます．しかし本来，
とくに何か約束しない限り，集合の要素には順番がついていないのです．

4.3　共通部分と和集合

　数の世界には足し算やかけ算があります．集合の世界にも，二つの集合を用
いて新たな集合を定める操作があります．たとえば集合 A, B の両方に属する
もの全体の集まりを A と B の**共通部分（インターセクション）**といいます．
数式では $A \cap B$ と表します．また，A, B の少なくとも一方に属するもの全体
の集まりを A と B の**和集合（ユニオン）**といいます．数式では $A \cup B$ と表
します．要素がみたす条件を使って書くと以下のようになります．

$$A \cap B = \{x \,|\, x \in A \text{ かつ } x \in B\}$$
$$A \cup B = \{x \,|\, x \in A \text{ または } x \in B\}$$

井伊江のん ◎ $A \cap B$ と $A \cup B$ はどう発音しますか．

　私は A インターセクト B，A ユニオン B と読んでいます．共通部分の方
は，正式には A インターセクション B ですが，英語圏の人も略して A イン
ターセクト B ということがあります．

井伊江のん ◎和風に言いたいときはどうしますか．

　日本語としての自然な表現にこだわるなら A と B の共通部分，A と B の
和集合ですが，なるべく記号の順番通りに発音したいので，そういうときは A
共通部分 B，A 和集合 B と読んでいます．

井伊江のん ◎高校のとき，先生は A キャップ B，A カップ B と発音していま
した．

　業界ごとに，有力な言い方があるようです．日本の中学や高校の先生の中で
はそれが有力なのかもしれません．業界によっては共通部分を A かつ B，和

集合を A または B と読む人が多いところもあるようです．さて，共通部分と和集合の例を，表計算ソフトによって目に見えるようにしましょう．例として $E = \{1,2,3,4,5,6\}$, $A = \{1,2,3\}$, $B = \{3,4\}$ の場合を図 4.3.1 に示します．$x \in A$ の列と $x \in B$ の列の TRUE, FALSE は手作業で入力しました．$A \cap B$ の列は AND 関数を使って，$A \cup B$ の列は OR 関数を使って入力しました．たとえば $A \cup B$ の列の一番上のセルに入れる数式は ＝OR($C2, $D2) です．網掛けは，後から手作業で設定しました．

	A	B	C	D	E	F
1	x	x ∈ E	x ∈ A	x ∈ B	x ∈ A ∩ B	x ∈ A ∪ B
2	1	TRUE	TRUE	FALSE	FALSE	TRUE
3	2	TRUE	TRUE	FALSE	FALSE	TRUE
4	3	TRUE	TRUE	TRUE	TRUE	TRUE
5	4	TRUE	FALSE	TRUE	FALSE	TRUE
6	5	TRUE	FALSE	FALSE	FALSE	FALSE
7	6	TRUE	FALSE	FALSE	FALSE	FALSE
8						

図 **4.3.1**　共通部分と和集合

4.4　集合のド モルガンの法則

集合 E を一つ決めて，当面，その集合 E の中だけで物事を考えるとき，E を**全体集合**といったり，**普遍集合**といったりします．このとき，全体集合の要素のうち，A に属さないもの全体を A の**補集合**（コンプリメント）といいます．高校数学では A の上に横線を引いて表します．ここでは A^c で表します．Complement の c です．

図 4.3.1 のシートを再利用しましょうか．図 4.3.1 の内容を消さず，その下に内容を追加して図 4.4.1 を書きました．セルの中に上付き添え字を書くと見づらいので，やむを得ず A^c の代わりに A c と書いてあります．これは一般的な書き方ではありません．補集合をとるところは，NOT 関数で計算しています．たとえば A c の列の一番上のセルに入れた数式は ＝NOT($C2) です．

	x		x ∈ A c	x ∈ B c	x ∈ (A ∩ B) c	x ∈ (A ∪ B) c
9	x		x ∈ A c	x ∈ B c	x ∈ (A ∩ B) c	x ∈ (A ∪ B) c
10	1		FALSE	TRUE	TRUE	FALSE
11	2		FALSE	TRUE	TRUE	FALSE
12	3		FALSE	FALSE	TRUE	FALSE
13	4		TRUE	FALSE	TRUE	FALSE
14	5		TRUE	TRUE	TRUE	TRUE
15	6		TRUE	TRUE	TRUE	TRUE
16						
17	x		x ∈ A c	x ∈ B c	x ∈ A c ∩ B c	x ∈ A c ∪ B c
18	1		FALSE	TRUE	FALSE	TRUE
19	2		FALSE	TRUE	FALSE	TRUE
20	3		FALSE	FALSE	FALSE	FALSE
21	4		TRUE	FALSE	FALSE	TRUE
22	5		TRUE	TRUE	TRUE	TRUE
23	6		TRUE	TRUE	TRUE	TRUE

図 **4.4.1**　補集合

　論理関数についてド モルガンの法則が成り立つため，集合についての**ド モ
ルガンの法則**が成り立ちます.

$$(A \cap B)^c = A^c \cup B^c$$

$$(A \cup B)^c = A^c \cap B^c$$

　図 4.4.1 をよく見ると，たしかにここで集合のド モルガンの法則が成り立っ
ている様子を観察できます.

4.5　直積

　さきほど申し上げたとおり，{2,3} と {3,2} は同じ集合です. とくに何か
約束しない限り，集合の要素に順番はないのでした. 順番も気にしたいときの
ために**順序対**というものがあります. たとえば順序対 (2,3) は，最初が 2 で
次が 3 という，順番付きの 2 個組みです. 順序対 (3,2) は，最初が 3 で次が
2 という，順番付きの 2 個組みです. (2,3) と (3,2) は違うものです. 順序対
(a,b) と (c,d) が等しいのは，$a = c$ かつ $b = d$ のときと約束します. 順序対
という名前は始めて聞くかもしれませんが，xy 平面における点の座標を学ん

だり，ベクトルを学んだとき，すでに順序対との出会いを済ませていたはずです．だから「はじめまして，順序対です」というより「申し遅れました，順序対と申します」という感じです．

集合 A の要素と集合 B の要素の順序対全体を A と B の**直積**，あるいは直積集合といいます．記号では $A \times B$ です．直積は皆さんの身近に転がっています．たとえば表計算ソフトのシートでセル A1, $\cdots$, A6, B1, $\cdots$, B6, $\cdots$, E1, $\cdots$, E6 の集まりを見てみましょう．少しだけ頑張って抽象的に考えてみますよ．セルの座標，たとえば B2 を順序対 (B, 2) だと思えば，上記のセルの集まりは直積集合 $\{A, B, \cdots, E\} \times \{1, \cdots, 6\}$ とみなせます．

$$\{A, B, \cdots, E\} \times \{1, \cdots, 6\}$$
$$= \{(A, 1), \cdots, (A, 6), (B, 1), \cdots, (B, 6), \cdots, (E, 1), \cdots, (E, 6)\} \quad (4.5.1)$$

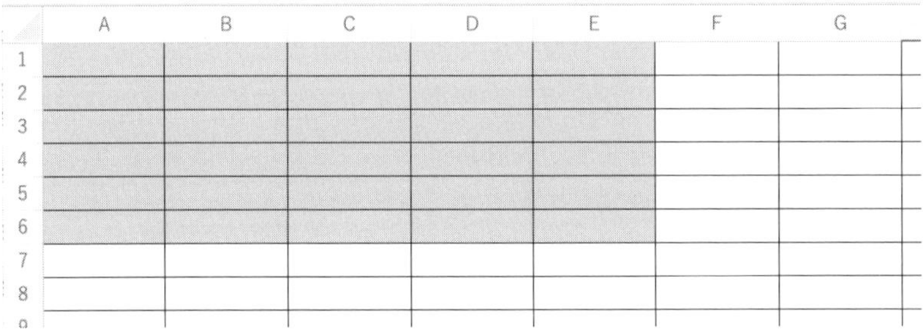

図 4.5.1 直積 $\{A, B, \cdots, E\} \times \{1, \cdots, 6\}$

例題 4.5.1 表計算ソフトのシートでセルの座標，たとえば B2 を順序対 (B, 2) だと思うことにする．このときシートのセルに色を塗って，以下の直積集合を表せ．$\{A, C, E\} \times \{1, 2, 6\}$

解

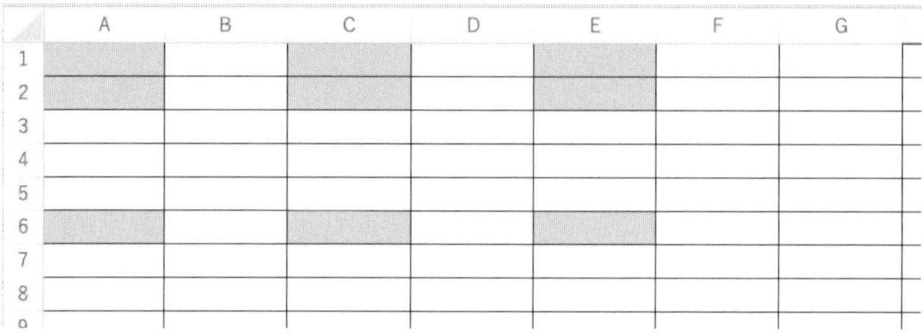

図 **4.5.2**　直積 {A, C, E} × {1, 2, 6}

宇奈月うい郎 ◎少しだけ抽象的に考えるって，こういうことでしたか．頑張って慣れるようにします．

　　★**次回予告**…次回は表計算ソフトで真理値表を書く話の最終回です．ついにイフ（ならば）が登場します．実はイフにはいろいろな種類があります．表計算ソフトの世界だけでなく，数学の世界へ視野を広げて行きましょう．

第 5 章

イフの道案内
お願いします

宇奈月うい郎◎表計算ソフトにも IF 関数がありますし，プログラミング言語にも if がありますね．とてもよく似ていると思いますが，これらは同じと考えてよいのでしょうか．

井伊江のん◎私も似た質問があるのでここでお尋ねします．以前，真理値表について教えていただきました．また，高校数学では部分集合と関係が深い「ならば」を教わりました．高校の教科書では，この「ならば」を太い矢印 $\Longrightarrow$ で表していました．真理値表の「ならば」と部分集合の「ならば」も，今の話に出てきた二つのイフと同じでしょうか．

　ではお二人の質問にまとめてお答えします．日本で最大級の，鉄道の駅を思い浮かべてください．JR の大きな駅ビルがあります．英単語の IF（イフ）をその駅ビルにたとえましょう．日本語の単語「ならば」，PC の IF，真理値表の話に出てくる「ならば」，証明の「ならば」はどれも駅ビルの西口中央玄関から徒歩 15 分以内にある商業ビルだと思ってください．ところがそれぞれ，違う方向に西口中央玄関から徒歩 15 分以内なのです．あるものは駅の東口に，またあるものは駅の南口にあり，そしてあるものは西口改札から西に向かって少し進んだところにあるといった具合です．そのため，商業ビルはお互いに結構離れています．まずこういうイメージをもった上で IF についてみていきましょう．

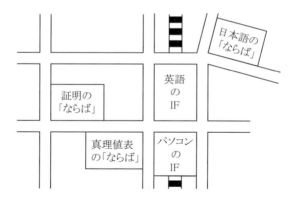

図 5.0.1 イフや「ならば」のいろいろ

5.1 表計算とプログラミング言語

表計算ソフトの IF 関数の基本的な考え方は，ある条件が真か偽かで場合分けして，真のときは値 a，偽のときは値 b をとるというものです（図 5.1.1）．これを

$$IF (条件, a, b)$$

の形に書きます．

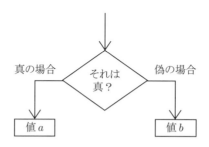

図 5.1.1 表計算ソフトの IF 関数

たとえばセル B2 から B30 に，ある科目の期末試験の点数が入っていると

しましょう．セル B2 の値が 60 未満ならセル C2 に 0，60 以上ならセル C2 に 1 と入れたい場合，セル C2 に

$$= IF(\$B2<60, 0, 1)$$

という数式を入れます．

　表計算ソフトの IF(条件, a, b) とそっくりな三項演算子というものが C 言語にあります．

$$条件 ? a : b$$

の形に書きます．たとえば変数 x の値が 60 未満の場合は変数 y に 0 を代入し，そうでない場合は y に 1 を代入したいときは

$$y = x < 60 ? 0 : 1 ;$$

と書きます．

宇奈月うい郎◎三項演算子は，はじめて聞きました．

　地味な存在ですよね．制御構造 if else の方が有名だと思います．この if else の基本的な考え方は，ある条件が真か偽かで場合分けして，真のときは命令 a に従った動作をせよ，偽のときは命令 b に従った動作をせよ，というものです（図 5.1.2 左）．プログラムの中では図 5.1.2 右のような形に書きます．

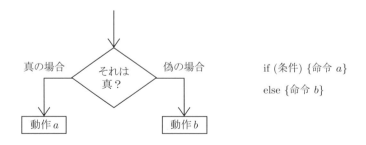

図 **5.1.2**　C 言語の if else

　たとえば変数 x の値が 60 未満の場合は変数 y に 0 を代入し，そうでない

場合は y に 1 を代入したいとき

$$\text{if } (x < 60) \ \{ \ y = 0; \ \}$$
$$\text{else } \{ \ y = 1; \ \}$$

とも書けます.

　上記の else 以下がない，ただの if という制御構造もあります．ある条件が真か偽かで場合分けして，真のときは命令 a に従った動作をせよ，偽のときはとりあえず今は何もするな，というものです（図 5.1.3 左 [1]）．プログラムの中では図 5.1.3 右のような形に書きます.

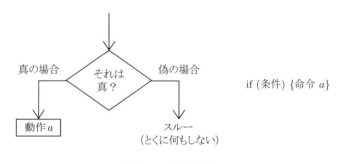

図 5.1.3　C 言語の if

5.2　真理値表

　次に，「ならば」の真理値表を見ていきます．数学の論理ではふつう，うまく決まり事を設定して，$p \to q$ と $\neg p \lor q$ が同じ意味になるようにします．もっと露骨に，始めから $p \to q$ とは $\neg p \lor q$ のこととする，と約束してしまう流儀もあります.

井伊江のん ◎以前，否定命題の作り方を教えていただいたときはその流儀でしたね.

---

[1]何もするな，というのは厳密にいうと嘘です．条件式が評価されたとき副作用が起きるよう，仕掛けを作れるからです．本節を通じて，C 言語については大雑把に説明します.

　では (not A) or B の真理値表を PC で書いてみましょう（図 5.2.1）．これが，「ならば」の真理値表として知られているものです．セル C2 に入れた数式は =OR(NOT($A2), $B2) です．

	A	B	C
1	A	B	(not A) or B
2	TRUE	TRUE	TRUE
3	TRUE	FALSE	FALSE
4	FALSE	TRUE	TRUE
5	FALSE	FALSE	TRUE
6			

図 **5.2.1** (not A) or B の真理値表

井伊江のん ◎この (not A) or B は IF 関数で表せるのですか．手元の PC で試してみますね．…あれ，私の PC 壊れてるのかな．違う結果が出ちゃいました．
宇奈月うい郎 ◎本当に？　井伊江さんの画面を見せてくれない？　どんな数式を入力したんだろう．

　ちょっと待った．間違った画面を見ない方がいいかもしれませんよ．間違った画面を無意識に覚えてしまうといけないので．井伊江さんの PC は，たぶん壊れていません．

井伊江のん ◎この (not A) or B を IF 関数で表すにはどうしたらよいのでしょうか．

　大事なことなのでよく聞いてください．**論理関数としての「A ならば B」**を表計算ソフトで計算したいとき，**IF 関数を使わないことをおすすめします．**

井伊江のん ◎ではさきほどの =OR(NOT($A2), $B2) しかないのでしょうか．上の真理値表（図 5.2.1）が何を意味するか直観的に表してくれる別解はないですか．

　そういう別解はあります．今から申し上げるやり方が，主要な表計算ソフト

で今後ずっとサポートされ続けるのか，私にはわかりません．ずっとサポート
されてほしいものです．別解はこうです．

$$=\$A2<=\$B2$$

最初の等号は，これが文字列でなく数式であると表計算ソフトに知らせるた
めのおまじないです．記号 <= は「小なりイコール」，つまり高校数学の $\leqq$
です．大学の数学ではふつう $\leq$ と書きますね．TRUE を 1，FALSE を 0 だ
と思えば大小関係を考えることができます．小なりイコールが成り立つ場合は
$1 \leq 1, 0 \leq 1, 0 \leq 0$ の三つであり，一方 $1 \leq 0$ は成り立ちません．つまり
TRUE を 1, FALSE を 0 だとみなして

$$(セル A2 の内容) \leq (セル B2 の内容)$$

が成り立つ場合は =\$A2<=\$B2 が TRUE となり，

$$(セル A2 の内容) > (セル B2 の内容)$$

の場合は =\$A2<=\$B2 が FALSE となります．上の真理値表（図 5.2.1）と
同じ結果が得られます．

5.3　数学の証明

井伊江のん◎表計算ソフトの IF 関数，C 言語の制御構造の if，真理値表の話
に出てくる「ならば」がそれぞれ違うことに理解が深まりました．数学の本に
でてくる「ならば」は，どれも真理値表の「ならば」と同じですか．

　同じこともあるし，違うこともあります．数学の「ならば」を理解するには，
最初から無理に真理値表やベン図と結びつけようとしない方がいいですよ．お
すすめなのは，「ならば命題」を証明するときの流れと結びつけて理解すること
です．皆さんがよくご存知の以下の主張を考えてみます．

$a \neq 0$ かつ $b^2 - 4ac > 0$

$\implies x$ の 2 次方程式 $ax^2 + bx + c = 0$ は実数解を持つ　　　(5.3.1)

　ふつうはこれを代数学（数と式の研究）や解析学（関数の研究）の話として
語ることが多いですが，ここでは論理学の話として論じます．主張 5.3.1 には
複数の解釈があり得ます．とくに，以下の二つに注目しましょう．

　（一時的に実数 a, b, c の値を固定したつもりになって）

　$a \neq 0$ かつ $b^2 - 4ac > 0$ ならば

　　x の 2 次方程式 $ax^2 + bx + c = 0$ は実数解を持つ． $\quad (5.3.2)$

　（実数 a, b, c の値がなんであっても）

　$a \neq 0$ かつ $b^2 - 4ac > 0$ ならば

　　x の 2 次方程式 $ax^2 + bx + c = 0$ は実数解を持つ． $\quad (5.3.3)$

　上記の「実数 a, b, c の値がなんであっても」という部分には，同じ意味の
別の言い方がいくつかあります．「すべての実数 a, b, c に対して」と言ったり，
「任意の実数 a, b, c に対して」と言ったりします．よくいわれる決まり文句に
「数学では，命題と，それに「すべての何々に対して」を付けたものを同一視
する」というのがあります．これは大げさな表現です．本当に同一視したらわ
けがわからなくなります．「すべての何々に対して」という部分は省略すること
が多い，というのが実際のところです．
　上の (5.3.1) を見ただけでは (5.3.2) のつもりか (5.3.3) のつもりか，本当の
ところは書いた人に尋ねないとわからないこともあります．ただし，(5.3.3) の
つもりで書いてある場合が圧倒的に多いです．
　では，何をしたら (5.3.3) を証明したことになるのか．くそまじめにいうと
以下のようになります．まず，何のしがらみもない新しい文字 a', b', c' をとり
ます．たとえば x は，ここでは「何のしがらみもない新しい文字」ではあり
ません．主張の後半の方程式に x が出てきますから．また π も，「何のしが
らみもない新しい文字」ではありません．これは円周率という特定の値を表す
からです．そしてこれら新しい文字に対して以下の (5.3.4) をを示せば，(5.3.3)

を示したことになります.

> （一時的に実数 a', b', c' の値を固定したつもりになって）
> $a' \neq 0$ かつ $(b')^2 - 4a'c' > 0$ ならば
> x の 2 次方程式 $a'x^2 + b'x + c' = 0$ は実数解を持つ. (5.3.4)

いま述べた「何のしがらみもない新しい文字をとり，それらに対して (5.3.4) をを示せば，(5.3.3) を示したことになる」というのは，任意命題，つまり「すべての何々に対してかくかくしかじか」という形の主張を導くための決まり事です. この決まり事に込められた考えは何かというと「通りすがりの通行人のような立場の新しい文字に対して成り立つ主張は，何に対しても成り立つ当たり前のことだけだ」ということです.

ただし実際に証明を書くときは，ふてぶてしく a, b, c をそのまま使うことが多いです. 何のしがらみもない新しい文字のつもりで a, b, c を使うのです.

宇奈月うい郎◎小学生のとき，塾の先生からこう教わったんですよ.「算数や数学の x とか a とかの文字は，数を入れる箱です」と. そのとき僕は何の疑問ももたずにうなずいていたんです. 大きくなってから PC の変数を学んだときも，これってまさに数を入れる箱だなあと思ってました. しかしですよ，ここで出てきた「何のしがらみもない新しい文字」は，箱に特定の数を入れてフタを閉じたものじゃないですよね. 空き箱を，まるで中身が入った箱のように扱っておままごとをしている感じがします. 文字にこんな使い方があったなんて，いままで意識していませんでした.

小学生相手にいろいろ教えて混乱させるといけないので，塾の先生は文字の代表的な使い方を一つだけ教えたのでしょう. こういう「何のしがらみもない新しい文字」には，数理論理学では名前がついています. Eigenvariable （アイゲン・バリアブル）といいます. 別にこの用語を覚える必要はありませんが，文字のこういう使い方は大事です.

井伊江のん◎アイゲン・バリアブルという言葉は，始めて聞きました.

露骨にアイゲン・バリアブルと言わずに「いま a, b, c は実数とする. $a \neq 0$ かつ $b^2 - 4ac > 0$ とする」とだけ言って, 暗に a, b, c をアイゲン・バリアブルとして使うのがふつうです.

井伊江のん ◎ 「$a \neq 0$ かつ $b^2 - 4ac > 0$」が成り立たない実数の組 a, b, c もありますよね. つまり「$a \neq 0$ かつ $b^2 - 4ac > 0$」は真とは限りません. 真であるとは限らないものを使って証明を進めていいのでしょうか.

はい, かまいません. ここでの「$a \neq 0$ かつ $b^2 - 4ac > 0$」は仮定です. こういう文脈での仮定は, あとで返済する予定の借金のようなものです. さて, このあとしばらくは, おきまりのパターンです.

$$
\begin{aligned}
ax^2 + bx + c &= a\left(x^2 + \frac{b}{a}x\right) + c \\
&= a\left(x^2 + 2\frac{b}{2a}x + \left(\frac{b}{2a}\right)^2 - \left(\frac{b}{2a}\right)^2\right) + c \\
&= a\left(x + \frac{b}{2a}\right)^2 - \frac{b^2}{4a} + \frac{4ac}{4a} \quad (5.3.5)
\end{aligned}
$$

親切に話を進めるならここで, 解の候補をどうやってみつけるか説明すべきでしょう. それには上記の最後の式を $= 0$ と置いて $x = $ ナントカ, の形について変形すればいいのですが, 我々はいま, そこにはあまり興味がないので端折ります. 料理番組の「はい, ささっと炒めるとその後こうなります」式に解の候補をいきなり出します.

$b^2 - 4ac > 0$ だから $\dfrac{-b + \sqrt{b^2 - 4ac}}{2a}$ という実数がある. そこで (5.3.5) に $x = \dfrac{-b + \sqrt{b^2 - 4ac}}{2a}$ を代入すると

$$
\begin{aligned}
a\left(\frac{-b + \sqrt{b^2 - 4ac}}{2a} + \frac{b}{2a}\right)^2 - \frac{b^2 - 4ac}{4a} &= a\left(\frac{\sqrt{b^2 - 4ac}}{2a}\right)^2 - \frac{b^2 - 4ac}{4a} \\
&= \frac{b^2 - 4ac}{4a} - \frac{b^2 - 4ac}{4a} \\
&= 0 \quad (5.3.6)
\end{aligned}
$$

よって x の 2 次方程式 $ax^2 + bx + c = 0$ は実数解を持つ.

さて, ここまでで何がわかったかというと,「$a \neq 0$ かつ $b^2 - 4ac > 0$」という仮定から,「x の 2 次方程式 $ax^2 + bx + c = 0$ は実数解を持つ」という結論を導いたのです. 借金付きの議論, つまり一時的な仮定「$a \neq 0$ かつ $b^2 - 4ac > 0$」を置いた議論はここまでです.

ここで我々は「$a \neq 0$ かつ $b^2 - 4ac > 0$ ならば, x の 2 次方程式 $ax^2 + bx + c = 0$ は実数解を持つ」を導いたことになります.

一般に主張 p を仮定して主張 q を導いたとき, 主張「p ならば q」が証明できたことになります. これは, ならば命題を証明するときに使える規則です. いわば, p を仮定して q を導くゲームに勝利したとき, ごほうびとして手に入るアイテムが「p ならば q」という主張です.

初心を忘れずに振り返ってみましょう. 我々は a, b, c を, しがらみのない新しい文字のつもりで用いました. これら a, b, c に対して「$a \neq 0$ かつ $b^2 - 4ac > 0$ ならば, x の 2 次方程式 $ax^2 + bx + c = 0$ は実数解を持つ」を導きました. したがって主張 5.3.3 を導いたことになります. つまり, しがらみのない新しい文字に対して「p ならば q」を導くゲームに勝利したとき, ごほうびとして手に入るアイテムが「すべての a, b, c に対して, p ならば q」という主張です.

上記の議論は, ならば命題を証明するときの定石です. 箇条書きにしておきましょう.

1. a, b, c の値として想定する範囲 (a, b, c の変域) はあらかじめ決まっている. 上記の具体例では実数.

2. 目標は「すべての a, b, c に対して「p ならば q」」を示すことである. 上記の具体例では p が「$a \neq 0$ かつ $b^2 - 4ac > 0$」, q が「x の 2 次方程式 $ax^2 + bx + c = 0$ は実数解を持つ」.

3. しがらみのない新しい文字 a', b', c' をとる…のが理想だが, 面倒なので a, b, c をしがらみのない新しい文字のつもりで用いる.

4. その a, b, c に対して, 一時的に p を仮定する.

5. 仮定 p と合わせて，使用が許されたいろいろな法則や定理を利用して，q を導く．ここは山あり谷ありで，長くなりがち．個別分野の知識や，ときにひらめきも必要.

6. （仮定 p から q を導くゲームに勝利したごほうびとして）以上により「p ならば q」が証明された.

7. （しがらみのない新しい文字に対して「p ならば q」を導くゲームに勝利したごほうびとして）以上により「すべての a, b, c に対して，p ならば q」という主張が証明された.

5.4 日本語

日本語の条件表現の中には，プログラミング言語の if に似たもの，数学の証明の「ならば」に似たもの，前節までのどれとも異なるものなど，いろいろあります.

井伊江のん ◎興味深いような，こわいような．国語はあんまり得意じゃないので.

まあ，そうおっしゃらずに．日本人相手に論理を教えて「なんで「ならば」の定義をわかってくれないんだろう」と思った経験はありませんか．今はまだなくても，日本で数学の教員になったら，いずれそういう経験をしますよ．そのとき思い出してください.

例 5.4.1 以下は，テレビのニュースと番組出演者の発言である．ただしニュースも発言も架空であり，実在の人物，団体，製品とは関係がない.

> ○月□日のニュース：○○社の○○ワクチンを承認するかについて，○○省の部会が本日に審議を行います．部会の審議で承認して差し支えないという結論が 出れば₁，◇日に○○大臣が正式な承認を行う見通しです.
> 出演者 A「冷静に考えると，このワクチンを開発した人たちって超優秀ですよね.」

> 出演者 B「本当にそうですね．私が○○賞選考委員長 <u>だったら</u>₂，○○賞を同時に 3 個ぐらいあげたい気持ちです．」
>
> 出演者 A「同時に 3 個ですか，B さん気前いいなあ．さて CM をはさんで今日のマーケット，そのあと 10 時に <u>なったら</u>₃ 天気予報です．」

　下線部 1, 2, 3 は似た言い回しであるが，文脈を考慮すると，文中のはたらきには違いがある．○月□日のニュース下線部 1 では，関係者の業務の流れ（フロー）を示している．

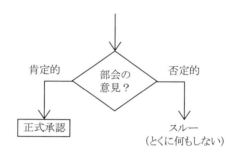

図 5.4.1　業務の流れ（フロー）

　出演者 B は，事実に反すること（自分が○○賞選考委員長）について空想をふくらませている．下線部 2 とその周辺を英訳するときには，仮定法過去がふさわしい．

　最後の出演者 A の台詞下線部 3 では，確実に起こること（10 時になること）を受けて，そのとき何が起こるかを述べている．英訳するときには if を使わない．

井伊江のん ◎わかりたいけれど，よくわかりません．国語は正解の基準があいまいで難しいです．判別式の符号だけで白黒決着つくような話の方がいいなあ．

宇奈月うい郎 ◎心の目で見たら文脈が読み取れるよ．相手の表情から，相手の今の気持ちを察するような態度で見ればいいだけだよ．

井伊江のん ◎それがわかんない．

　ご議論は尽きないようですが，話を本筋に戻しますよ．数学の先生の中には数学だけに興味があって，日本語に興味のない方もいらっしゃることと思います．一方，受講者はそういう人ばかりとは限りません．こうした状況で，先生がやらかしそうな説明が以下のパターンです．

　危ない説明　「if p then q」を「p ならば q」といって，$p \Longrightarrow q$ と書きます．$p \Longrightarrow q$ の意味は，ならばの真理値表で与えられます．

　やや煽り気味に「危ない説明」というタイトルをつけてみました．正確には，「必要に応じて補足説明を付けないと，危ない説明」です．

　受講者が，真理値表の「ならば」を下線部 1 のような表現を精密化したものだと思い込んだ場合，表計算の IF 関数を考えたときと同じ悩みにはまります（5.2 節）．

　下線部 2 のようなものだと思い込んだ場合，その受講者にとって「偽ならば真」は，「想像の世界で，間違ったことが起きたと思ってみようよ．それは，正しいことが起きている世界だよね」という話に聞こえてしまいます．これも当惑の原因になります．

　下線部 3 のようなものだと思い込んでいる場合も似たようなものです．その受講者にとって「偽ならば真」は，「まもなく間違ったことが起きて，そのとき，正しいことが起きる」という話に聞こえてしまいます．

　真理値表はとっつきやすい反面，それだけに頼ると「ならば」の説明に入ったあたりで「何がわからないのかわからない」状態になりやすいのです．一つの対策は「習うより慣れよ」です．数学の証明をたくさん読んでいるうちに，「ならば」の呼吸を身につけるのです．

井伊江のん◎受講者が全員，数学大好き人間だったら「よーし，みんな．習うより慣れよで論理を身につけるぞ．オー！」で丸く収まったりして．
宇奈月うい郎◎数学が専門でない僕らは，「習うより慣れよ」の成果が出る前にギブアップしそう．

　「習うより慣れよ」ひと筋で行くのは，万人向けではありません．急がば回

れで，論理の規則の要点を学んでいきましょう．前節で「ならば命題を証明するときの定石」を学びました．あの話の続きをします．

★**次回予告**…いよいよ第 II 部 体系編が始まります．命題の形には「p ならば q」の他に「p または q」など，さまざまなものがあります．命題の形ごとに

- その形の命題を導くときの定石
- その形の命題から他の命題を導くときの定石

があります．そうした定石として何が許されるのかを体系的に学ぶのが第 II 部 体系編の目的です．

第 **Ⅱ** 部

体系編

第 **6** 章
証明の定石
前編

6.1 体系編の心構え

前章の最後で，数学の証明に現れる「ならば」について学びました．その「ならば」の意味は，「ならば」という言葉の使い方によって間接的に与えられます．もう少し詳しく言うと，以下二つの決まり事によって，間接的に「ならば」の意味が与えられるのです．

- 何をすれば，「p ならば q」を導いたことになるのか，という決まり事
- 「p ならば q」から他の命題を導くときの決まり事

こうした決まり事を，証明の定石として学んでいきます．

井伊江のん ◎ 間接的に「ならば」の意味を与えるのって，まわりくどくないですか．直接的に「「ならば」の定義はこうだ」と言えないんでしょうか．あっ，そうだ，以前のノートにそんな話を書いた覚えがあります．ちょっと待ってください…みつかりました．「「否定命題を作れ」の解法をを教えてください」のときのノートにこうあります！

> ならばの言い換え（**2**）（再掲）
> - $p \to q$ は，$\neg p \lor q$ と同値である．
> - $p \implies q$ は，$\forall x \in E\ (p(x) \to q(x))$ と同値である．

井伊江のん◎これらが数学の「ならば」の定義，ということでいいですね．

　以前説明したことをよく覚えてくれていてありがとうございます．$p \implies q$ の定義は $\forall x \in E \ (p(x) \to q(x))$ である，でかまいません．問題はその前の部分です．学生の皆さんが上級者ばかりだったり，あるいはロボットのように従順な方ばかりなら「$p \to q$ の定義は $\neg p \lor q$ である．以上」でもいいのです．みなさん，それで納得できますか．

宇奈月うい郎◎ういっす，納得です．

　それはすごい．では，納得できない人たちのために説明をお願いします．

宇奈月うい郎◎すみません，全然納得できてないです．

　ですよね．すると，$p \to q$ の定義をなぜ $\neg p \lor q$ としたいのか，という説明を聞きたくなりませんか．そしてその説明の中で難しい哲学用語が出てきたら，またそれらの用語に対して「直接的に定義してほしい」という流れになるでしょう．そうなるときりがないし，どんどん話が難しくなっていきます．数学の証明の中で「ならば」はとても基本的な言葉なので，この辺で直接的な定義はやめて，間接的な定義に切り替えます．

　「ならば」だけでなく，「…でない」「かつ」「または」「任意」「存在」という言葉の使い方について，規則を体系的に学ぶのが「第 II 部 体系編」の目的です．後でこれらの規則を用いて，$p \to q$ と $\neg p \lor q$ の関係を説明します．

　まず本章では「p ならば q」を導くときの定石を念押しでもう一度考察します．次の章では，「p ならば q」以外の形をした命題，たとえば「p または q」などに対しても定石をみていきます．

　今後，記号を使う機会が増えるので代表的な記号の読み方について復習しておきます（表 0.1.1, 0.1.2, および 0.1.4 を「序」から再掲）．

<ruby>句読点<rt>くとうてん</rt></ruby>と<ruby>括弧<rt>かっこ</rt></ruby>

表 **6.1.1**　句読点と括弧

記号	読みの例
,	カンマ
.	ピリオド
:	コロン
;	セミコロン
(	かっこ，左かっこ，かっこ開く
)	かっこ，右かっこ，かっこ閉じ（る）
{	ブレース，波（なみ）かっこ，左波かっこ，波かっこ開く
}	ブレース，波かっこ，右波かっこ，波かっこ閉じ（る）
〈	左アングル（left angle），ラングル（langle）
〉	右アングル（right angle），ラングル（rangle） （日本式の発音ではどちらもラングルになってしまう）

表 **6.1.2**　論理記号その 1

記号	文中での読みの例	対応する表計算ソフトの関数
$\wedge$	アンド（and），かつ	AND(，)
$\vee$	オア（or），または	OR(，)
$\neg$	ネゲーション（negation）， ノット（not），否定	NOT( )
$\rightarrow$	インプライズ（implies），ならば	
$\Longrightarrow$	インプライズ，ならば	

表 **6.1.3**　論理記号その 2

記号	記号単体での名前	文中での読みの例 （括弧内は英語での読みの例）
$\forall$	任意記号，全称記号 （universal qunatifier）	オール（for all）
$\exists$	存在記号，特称記号 （existential quantifier）	エグジスト（there exists）

6.2　一番大事な定石

　証明の定石を一覧にして示すのは次々回に予定しています．証明の定石の中で一番大事なパターンから始めます．皆さんは「二等辺三角形の底角は等しい」という定理の証明をご存知ですね．

宇奈月うい郎◎はい．

　それは頼もしい．ではやってみてください．それほど厳密でなくて結構です．中学数学の教科書にあるような証明をお願いします．

宇奈月うい郎◎くせで反射的にうなずいただけなんですが．はい，思い出しながらやってみます．たしか，こんな図を描くんですよね（図 6.2.1）．

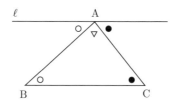

図 **6.2.1**　三角形の内角の和

　思い出しました．3 点 A, B, C は三角形をなすとします．点 A を通り，底辺 BC に平行な直線 ℓ を引きます．平行線の錯角は互いに等しいので，∠B の錯角と ∠B は同じ大きさで，∠C の錯角と ∠C も同じ大きさです．ところが ∠B の錯角と ∠A，そして ∠C の錯角で直線をなすので，これらの和は 180 度になります．よって ∠B, ∠A, および ∠C の和は 180 度になります．以上により三角形 ABC の内角の和は 180 度です．

　どうもありがとうございます．よりていねいに書くなら，最後にひと言「三角形をなす 3 点 A, B, C の選び方は何でもよかったから，結局，どんな三角形であっても，その内角の和は 180 度である」と付け加えます…ってうっかり言いそうになりましたけれど，ちょっと待ってくださいよ．よく見たらおか

しくないですか.

井伊江のん ◎はい,わかりました! よく見たら角 A のまわりのマークがうれしそうな顔をしています. そして魔女のとんがり帽子をかぶってるんです. おかしいっていうより,かわいいです.

宇奈月うい郎 ◎ほんとうだ,白丸と黒丸が目で,逆三角形が口,A と直線 ℓ が魔女の帽子ですか. これは気づきませんでした. たしかに少しかわいいですね.

　うーん,お二人とも惜しいですね. おかしいのはそこじゃなくて,違う定理を証明していることなんです.「何を証明すべきなのか確認する」,証明問題はまずそこから始めましょう. さきほど宇奈月君がしてくれたのは三角形の内角の和は 180 度であることの証明です. 二等辺三角形の底角は等しいことの証明をお願いしたのですが.

宇奈月うい郎 ◎あれ,そうでしたっけ. すみません,もう一度チャンスをください. 本当は,こんな図を描くんですよね(図 6.2.2).

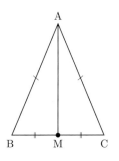

図 6.2.2　二等辺三角形

　3 点 A, B, C は BC を底辺とする二等辺三角形をなすとします. 底辺の中点を M とします. 仮定により AB と AC の長さは等しいです. M が BC の中点なので BM と CM の長さは等しいです. AM = AM だから,三角形 ABM と三角形 ACM は合同です. よって ∠B と ∠C の大きさは等しいです.

　はい,ありがとうございます. よりていねいに書くなら,最後にひと言「二

等辺三角形をなす 3 点の選び方は何でもよかったから，結局，どんな二等辺三角形であっても，その底角は等しいことが示された」と付け加えます．さて前章で，ならば命題を証明するときの定石を箇条書きにしたのを覚えていますか．あの箇条書きは，今回の証明にもほぼそのまま当てはまります．

1. A, B, C の値として想定する範囲，つまり A, B, C の変域はあらかじめ決まっている．今回の具体例では平面上の点.

2. 目標は「すべての A, B, C に対して「p ならば q」」を示すことである今回の具体例では p として「点 A, B, C は三角形をなし，辺 AB と辺 AC は長さが等しい」という主張を考えている．q としては「三角形 ABC において ∠B と ∠C の大きさは等しい」を考えている.

3. しがらみのない新しい文字 A′, B′, C′ をとる…のが理想だが，面倒なので A, B, C をしがらみのない新しい文字（アイゲン・バリアブル）のつもりで用いる.

4. その A, B, C に対して，一時的に p を仮定する.

5. 仮定 p と合わせて，使用が許されたいろいろな法則や定理を利用して，q を導く．ここでは個別分野の知識として「三辺が等しい三角形は合同である」ということを用いた．また，底辺 BC の中点に注目するアイデアは，すでに知っているのでない限り，ひらめきによる.

6. （仮定 p から q を導くゲームに勝利したごほうびとして）以上により「p ならば q」が証明された.

7. （しがらみのない新しい文字に対して「p ならば q」を導くゲームに勝利したごほうびとして）以上により「すべての A, B, C に対して，p ならば q」という主張が証明された.

上記二つ目の項目では，「二等辺三角形の底辺は等しい」という主張を，「すべての A, B, C に対して「p ならば q」」という，冗長だけれど分析しやすい表現に翻訳しています．数学が得意な人は，こうした翻訳を無意識のうちに行っています．

井伊江のん◎「点 A, B, C は三角形をなし，辺 AB と辺 AC は長さが等しい」という主張が成り立たない 3 点 A, B, C もありますよね．これら 3 点が一直線上に並んでいる場合とか，いびつな三角形になっている場合とか．つまり「点 A, B, C は三角形をなし，辺 AB と辺 AC は長さが等しい」という主張は真とは限りません．真であるとは限らないものを使って証明を進めていいのでしょうか．

　はい，かまいません．ここでの「点 A, B, C は三角形をなし，辺 AB と辺 AC は長さが等しい」は仮定です．こういう文脈での仮定は，あとで返済する予定の借金のようなものです．

井伊江のん◎思い出しました．前回も私，同じようなことを質問していましたね．

6.3　ならば命題を証明するときの定石

　一番大事な定石を見てきました．これを「ならば」に関する話と，「すべての」に関する話に分解して整理しましょう．一般に数学の証明の中では，仮定 p から q を導けたとき，「p ならば q」を導いたものと認めます．これは，「ならば」を含む命題を導くための決まり事です．仮定 p から q を導く作業が終わり，「以上により「p ならば q」が証明された」と宣言した段階で，借金 p は返済した気持ちになって結構です．

宇奈月うい郎◎「ならば」を含む命題って，そんなにしょっちゅう出てくるものなのですか．

　見た目の上では「ならば」を含んでいなくても，実は別の言い方をしているだけということがよくあります．たとえば「BC を底辺とする二等辺三角形 ABC において，∠B と ∠C の大きさは等しい」という主張を考えてみましょう．これは「三角形 ABC において AB と AC の長さが等しいならば，∠B と ∠C の大きさは等しい」という主張なのです．日本語として自然な言い方にした結果，「ならば」が現れない形になっただけなのです．

例題 6.3.1　自然数 n が不等式 $n^2 - 6n + 8 < 0$ をみたすならば，$n = 3$ であることを示せ.

この例題の場合，p が「n は自然数で，$n^2 - 6n + 8 < 0$ をみたす」，q が「$n = 3$」で，示したいことは「p ならば q」です．p が成り立つと仮定して q を示せば「p ならば q」を示したことになります．そこで，頭の中に以下のような穴埋め問題を思い浮かべます.

自然数 n が不等式 $n^2 - 6n + 8 < 0$ をみたすとする.

ゆえに $n = 3$ である．以上により，自然数 n が不等式 $n^2 - 6n + 8 < 0$ をみたすならば，$n = 3$ であることが示された.

後はこの穴を埋めるだけです．たとえば以下のようになります．[　] でくくった部分は，しばしば省略されるところです.

解　自然数 n が不等式 $n^2 - 6n + 8 < 0$ をみたすとする．$n^2 - 6n + 8 = (n-2)(n-4) < 0$ だから [$n-2$ と $n-4$ の符号は異なる．$n-4 < n-2$ だから，$n-4 < 0$ かつ $n-2 > 0$ である．よって] $2 < n < 4$ である．n が自然数だから $n = 3$ である．[以上により，自然数 n が不等式 $n^2 - 6n + 8 < 0$ をみたすならば，$n = 3$ であることが示された.]

パターン化すると，まず頭の中に以下のような穴埋め問題を思い浮かべます.

主張 p が成り立つとする.

ゆえに q が成り立つ. 以上により, p ならば q であることが示された.

この穴を埋めればよいのです.「p を仮定して q を導くのに成功したとき, $p \to q$ を導けたとみなす. そしてこの時点ではもはや, p を一時的な仮定と考えなくてよい」という約束事を, しばしば次のような図式で表します.

$$\frac{q}{p \to q}$$

6.4   任意命題を証明するときの定石

数学では「例外なくすべての x に対して」と言いたいとき,「すべての x に対して」と言ったり,「任意の x に対して」と言ったりします. 日常会話で使う「任意」とは少し意味が違うので注意してください.

いま $r(x)$ が x についての条件としましょう. 一般に数学の証明の中では, しがらみのない新しい文字 x' に対して $r(x')$ を導けたとき,「任意の x に対して $r(x)$」を導けたものと認めます. これは,「任意」を含む命題を導くための決まり事です. パターン化すると, まず頭の中に以下のような穴埋め問題を思い浮かべます.

しがらみのない新しい文字 x' をとる.

ゆえに $r(x')$ が成り立つ. 以上により, 任意の x に対して $r(x)$ が成り立つことが示された.

この穴を埋めればよいのです．しがらみのない新しい文字 x' をとるのは面倒なので，このパターンの証明を書く人はしばしば，「任意の x に対して $r(x)$ が成り立つ」の x をそのまま流用します．ほとんどの場合，こうしても深刻な問題は起きません．すると以下のようになります．

>
>
> ゆえに $r(x)$ が成り立つ．以上により，任意の x に対して $r(x)$ が成り立つことが示された．

最後の部分がくどい印象になりました．そこで最後の一文をカットすると以下の形になります．

>
>
> ゆえに $r(x)$ が成り立つ．

字面だけ見ると，

(1) 特定の x に対して $r(x)$ が成り立つことを証明したのか，

それとも

(2) 任意の x に対して $r(x)$ が成り立つことを証明したのか，

あいまいな文章になりました．このパターンの証明を読む側は，前後関係を見て作者の意図が (1) なのか (2) なのか判断する必要があります．
　「しがらみのない新しい文字 x' をとり，$r(x')$ を導くのに成功したとき，

$\forall x\, r(x)$ を導けたとみなす」という約束事を，しばしば次のような図式で表します．「$r(x')$ を導けた場合（に限って，この図式を適用可能）」という但し書きは省略するのがふつうです．

$$（r(x') \text{ を導けた場合}）$$

$$\frac{r(x')}{\forall x\, r(x)}$$

面倒くさいときは上記で x' と書いているところを単に x と書きます．

6.5   「ならば」と任意と「かつ」についての補足

上記ではふれなかった，簡単な定石をいくつか紹介します．これらの定石も突き詰めて言えば約束事です．しかし，一見して当たり前と思えることばかりです．皆さんもふだん，約束事とは思わずに無意識に使っているはずです．

ならば命題から他の主張を証明するときの定石   ならば命題から他の主張を証明するときの定石は単純です．p と $p \to q$ から q を導けます．これを次の図式で表します．

$$\frac{p \quad p \to q}{q}$$

任意命題から他の主張を証明するときの定石   任意命題から他の主張を証明するときの定石も単純です．いま t は，x に代入できるものならなんでもよいとします．このとき $\forall x\, p(x)$ から $p(t)$ を導けます．この約束事を次の図式で表します．

$$\frac{\forall x\, p(x)}{p(t)}$$

たとえば x が動く範囲は実数だとします．このとき $\forall x\, x^2 \geq 0$ から $154^2 \geq 0$ を導けます．

かつ命題から他の主張を証明するときの定石　「p かつ q」は，p と q が両方成り立つという意味です．$p \wedge q$ から p を導けます．同様に，$p \wedge q$ から q を導けます．これらの約束事を次の図式で表します．

$$\frac{p \wedge q}{p} \qquad \frac{p \wedge q}{q}$$

他の主張から，かつ命題を証明するときの定石　p と q を使ってよいとき，これらから $p \wedge q$ を導けます．この約束事を次の図式で表します．

$$\frac{p \quad q}{p \wedge q}$$

証明の定石について，次回に続きます．

第7章

証明の定石
後編

　証明の定石の話を続けます．規則一覧をずらっと並べるのは次回のお楽しみにします．今回は簡単なもの順ではなく，要注意なもの順に見ていきます．

7.1　存在命題から他の主張を証明するときの定石

　中学や高校の数学ではいろいろな証明を学びました．一見簡単な証明でも，よく観察すると，我々は無意識にさまざまな定石を使いこなしています．条件何々をみたすものが存在する，という形の主張から他の主張を証明する場面を思い出しましょう．「7 つの連続した自然数の和は 7 の倍数である」という主張に対して，中学数学レベルの証明をしてくれませんか．井伊江さん，いかがですか．

井伊江のん◎少し時間をください．はい，できそうです．やってみます．自然数 m は連続した 7 つの自然数の和とします．7 つの数のうち一番小さいものを n とおきます．すると m は

$$n, n+1, \cdots, n+6$$

の和です．したがって以下のようになります．

$$m = n + (n+1) + \cdots + (n+6)$$
$$= 7n + (0+1+2+3+4+5+6)$$
$$= 7n + 21$$
$$= 7(n+3)$$

よって m は 7 の倍数です.

どうもありがとうございます. 数学が得意な人がここで無意識に使っている定石を分析してみたいと思います.「7 つの連続した自然数の和は 7 の倍数である」を, 少し冗長だけれど分析しやすい表現に翻訳すると, やはり「すべての自然数 m に対して「p ならば q」が成り立つ」の形に書けます. ここで「m は 7 つの連続した自然数の和である」を p,「m は 7 の倍数である」を q としています. したがって, 証明の大きな流れは前節と同じです. すなわち, p を仮定して q を導けばよいのです. 以下では p を仮定して q を導くところだけを考察します.

ここで p をよく観察すると, p は「ある自然数 n が存在して, $m = n + (n+1) + \cdots + (n+6)$ である」と翻訳できます. ここでの p は, 何かの存在を主張しているのです.

では, この存在命題から何か別の主張を導くときに使える基本的な技は何でしょうか. まず, その存在するなにかに名前を付けてかまいません. しがらみのない新しい文字 n' をとり, その存在する何かの名前とします. つまり $m = n' + (n'+1) + \cdots + (n'+6)$ となります. ここで, 存在する何かの名前として m や $2m$ をとってはいけません. すでにこの文脈で m は使われていますから. また, π という名前を付けてもいけません. π は円周率の名前としてすでに使われているからです. この, しがらみのない新しい文字 n' は, やはりアイゲン・バリアブルとよばれます. 新しい文字を用意するのが理想ですが, ふつうは面倒くさいので n をそのまま流用します. 存在するなにかに名付けをして式変形した結果, m が 7 の倍数だという結論 q を得ました. これで, 存在命題 p から q を導けたと認められます. これが, 存在命題から他の主張を導くときの基本的な規則です.

　ここまでの流れを整理すると以下のようになります．以下で，たとえば単に r と書かずに $r(m,n)$ と書いてある部分は，主張 r の中に文字 m,n が現れていることの強調です．

1. 目標は $p(m)$ を仮定して $q(m)$ を示すことである．ただし $p(m)$ は「ある n が存在して $r(m,n)$」の形をしている．今回の具体例では $r(m,n)$ として「$m = n + (n+1) + \cdots + (n+6)$」という主張を考えている．$q(m)$ としては「m は 7 の倍数である」を考えている．
2. しがらみのない新しい文字 n' をとるのが理想だが，面倒なので n をしがらみのない新しい文字（アイゲン・バリアブル）のつもりで用いる．
3. その n に対して，一時的に $r(m,n)$ を仮定する．
4. 仮定 $r(m,n)$ と合わせて，使用が許されたいろいろな法則や定理を利用して，q を導く．ここでは個別分野の知識として分配法則などを用いた．
5. （アイゲン・バリアブル n を用いた仮定 $r(m,n)$ から $q(m)$ を導くゲームに勝利したごほうびとして）以上により「ある n が存在して $r(m,n)$」から $q(m)$ を導けたことになる．すなわち，p から q を導けた．

　第 5 項目にある通り，存在するなにかに n と名付けて作った仮定 $r(m,n)$ から $q(m)$ を導けたとき，「ある n が存在して $r(m,n)$」から $q(m)$ が証明されたと思ってかまいません．これは基本的な規則として認められています．パターン化すると，まず頭の中に以下のような穴埋め問題を思い浮かべます．

　しがらみのない新しい文字 y' をとり，$r(y')$ が成り立つと仮定する．

$$\boxed{}$$

　ゆえにこのとき q が成り立つ．以上により，「$r(y)$ をみたす y が存在する」という仮定から，q を導けることがわかった．

　この穴を埋めればよいのです．「しがらみのない新しい文字 y' をとり，$r(y')$

を仮定して q を導くのに成功したとき，$\exists y\, r(y)$ から q を導ける．そしてこの時点ではもはや，$r(y')$ を一時的な仮定と考えなくてよい」という約束を以下の図式で表します．

$$\begin{array}{c}[r(y')]\\ \vdots\\ \dfrac{\exists y\, r(y) \qquad q}{q}\end{array}$$

井伊江のん◎うぅ….

　どうしました？

井伊江のん◎約束事も図式も複雑で頭に入りません．

　では少し単純化して言い直します．「しがらみのない新しい文字 y' をとり，$r(y') \to q$ を導くのに成功したとき，$\exists y\, r(y) \to q$ を導ける」という約束を以下の図式で表します．

$$\dfrac{r(y') \to q}{\exists y\, r(y) \to q}$$

井伊江のん◎これならなんとか．最初からこうしていただければよかったんですけど．

　最初に言ったものの方が，実際の数学の証明の雰囲気をよく表しているんです．

宇奈月うい郎◎ちょっといいですか．そもそも論として，なぜ証明が必要なのかと思うことがあります．

　ほう，それはどういうことでしょうか．

宇奈月うい郎◎さきほどの話なら，7 つの連続した数の和をしらみつぶしに計算機で調べればいいのでしょう．

それでは無限に時間がかかりますよ.

井伊江のん ◎この定石についてもう一つ具体例を見たいです.

　では,「3 で割って 2 余る数の 2 乗は, 3 で割ると余り 1 である」という主張に対して, 中学数学レベルの証明をしてみてください.

井伊江のん ◎また少し考えさせてください. はい, できそうです. n は 3 で割って 2 余る数とする. $n = 3k + 2$ と書ける. すると

$$n^2 = (3k + 2)^2 = 9k^2 + 12k + 4 = 3(3k^2 + 4k + 1) + 1$$

よって n^2 は 3 で割ると 1 余る. 以上により, 3 で割って 2 余る数の 2 乗は, 3 で割ると余り 1 であることが証明された.

　その通りです. 井伊江さん, 今の話でアイゲン・バリアブルの役割を果たしている文字は何ですか.

井伊江のん ◎ n ですか. …いいえ, 今のは忘れてください. 今回の n は, さきほどの m と同じ役回りですね. 今回のアイゲン・バリアブルは k です.

　その通りです.「n は 3 で割ると 2 余る」という主張は「ある整数 k が存在して, $n = 3k + 2$」と翻訳できます. しがらみのない新しい文字 k を用いて $n = 3k + 2$ と置いたのです.

7.2　「または命題」から他の主張を証明するときの定石

　今度は,「p または q」という形の主張から他の主張 r を導く場面を考えます. このとき, 場合分けによる証明が許されます. p という仮定から r を導ける. そして, q という仮定からも r を導ける. ここまでできたとき,「p または q」から r を導けたことになります. これは「または」を含む主張から他の主張を導く場面で認められた決まり事です. また実例をみたいですね. 宇奈月君,「3 で割りきれない数の 2 乗は, 3 で割ると余り 1 である」という主張に対して, 中学数学レベルの証明をしてみてください.

宇奈月うい郎◎はい．…．

どうしましたか．

宇奈月うい郎◎はい．すみません．条件反射で「はい」と返事してしまいました．実は何もアイデアがわきません．

ヒントを出しましょう．「3 で割り切れない」ということは「3 で割った余りが 1 または 2 である」と翻訳できます．

宇奈月うい郎◎はい．…すみません，もう一つヒントをいただけませんか．

3 で割った余りが 1 の場合と，余りが 2 の場合に場合分けして証明してもいいのですよ．

井伊江のん◎あとは私のさっきのとだいたい同じだよ．
宇奈月うい郎◎はい，もうバッチリです．お任せください．n は 3 で割り切れない数とする．3 で割った余りは 1 か 2 のどちらかである．

場合 1：余りが 1 のとき．$n = 3k + 1$ と書ける．すると
$$n^2 = (3k+1)^2 = 9k^2 + 6k + 1 = 3(3k^2 + 2k) + 1$$
よって n^2 は 3 で割ると 1 余る．

場合 2：余りが 2 のとき．$n = 3k + 2$ と書ける．するとさきほどの井伊江さんの話と同じようにして n^2 は 3 で割ると 1 余る．

以上により，3 で割り切れない数の 2 乗は，3 で割ると余り 1 であることが証明された．

井伊江のん◎やったじゃん．
宇奈月うい郎◎ういっす．バッチリです．

いま「n を 3 で割った余りは 1 である」という主張を $p(n)$，「n を 3 で割った余りは 2 である」という主張を $q(n)$，そして「n^2 を 3 で割った余りは 1 である」という主張を $r(n)$ としましょう．「$p(n)$ または $q(n)$」から $r(n)$ を導く

とき無意識に使っている定石を箇条書きにします.

1. 目標は「$p(n)$ または $q(n)$」を仮定して $r(n)$ を示すことである.
2. まず, $p(n)$ を仮定して $r(n)$ を導く.
3. 次に, $q(n)$ を仮定して $r(n)$ を導く.
4. （上記 2, 3 に成功したごほうびとして）以上により,「$p(n)$ または $q(n)$」という仮定から $r(n)$ を示せることがわかった.

以上は,「または命題」から他の主張を導くときに認められる論法です.

宇奈月うい郎 ◎ 今回はどんな穴埋め問題を思い浮かべればよいのでしょうか.

こうなります.

場合 1：p が成り立つ場合

ゆえにこのとき r が成り立つ.

場合 2：q が成り立つ場合

ゆえにこのときも r が成り立つ.

以上により,「$p \lor q$」という仮定から, r を導けることがわかった.

　いままでのやり方にしたがって約束事を表すと以下のようになります.「p から r を導くことができて, q からも r を導くことができるとわかったとき, $p \lor q$ から r を導くことができる. この段階ではもはや, 一時的な仮定として p, q を必要としない」この約束事を図式で表すとこうなります.

$$\begin{array}{ccc} & [p] & [q] \\ & \vdots & \vdots \\ p \vee q & r & r \\ \hline & r & \end{array}$$

宇奈月うい郎◎右上の p, q に四角い括弧が付いているのはどうしてですか.

　一時的な仮定であることを表します. 最終的に $p \vee q$ から r を導くときは, もう一時的な仮定だと思わなくてよいのです.

井伊江のん◎また, 簡単バージョンありませんか.

　そうおっしゃるなら, 代わりに「$p \to r$ と $q \to r$ から, $p \vee q \to r$ を導くことができる」という約束事を考えましょうか. 図式は以下のようになります.

$$\frac{p \to r \quad q \to r}{p \vee q \to r}$$

　もともとのバージョンの方が, 証明の雰囲気をよく表しています.

7.3　背理法による証明

　「主張 p から矛盾を導けたとき, p の否定が導けたとしてよい」という決まり事を否定の導入といいます. 高校数学では p の否定を $\bar{p}$ と書きますね. 大学数学ではいくつか方言があって, not p と書く流儀もありますが, ここでは $\neg p$ と書きます. また,「$\neg p$ から矛盾を導けたとき, p が導けたとしてよい」という決まり事を背理法といいます. 高校数学では否定の導入と上記の背理法をまとめて背理法といいます.

宇奈月うい郎◎思い浮かべるべき穴埋め問題と, 図式はどうなりますか.

　まず否定の導入について穴埋め問題と図式を並べるとこうなります.

p が成り立つと仮定する.

$$[p]$$
$$\vdots$$
$$\frac{矛盾}{\neg p}$$

よってこのとき矛盾する.

以上により, $\neg p$ が示された.

次に背理法についてについて穴埋め問題と図式を並べるとこうなります.

背理法の仮定として $\neg p$ を仮定する.

$$[\neg p]$$
$$\vdots$$
$$\frac{矛盾}{p}$$

よってこのとき矛盾する.

以上により, 背理法によって p が示された.

証明の中でどういうときに矛盾が導かれたというのか, また, 矛盾からは何が導かれるのかについても決まり事があります. なにか命題 q に対して, q と $\neg q$ が両方導かれたとき, 矛盾が導かれたことになります. また, 矛盾からはどんな命題 r でも導くことができると約束します.

よって q が成り立つ.

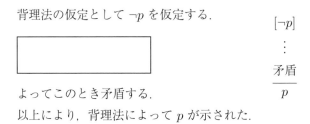

$$\frac{q \quad \neg q}{矛盾} \qquad \frac{矛盾}{r}$$

よって $\neg q$ が成り立つ.

これは矛盾である.

宇奈月うい郎◎どんな命題でも導けるなんて，すてきですね.

　いえ，全然そんなことはありません. 誰でも無罪になる裁判所を想像してみてください. それと似たようなものですよ. どんな命題でも導けるというのは，とんでもないことなのです.

　さて，また具体的な証明をみながら，そこで無意識に使われている定石を考察していきますよ.「4 乗を 5 で割った余りが 1 にならない整数は，5 の倍数である」という主張を証明します. いま「n^4 を 5 で割った余りが 1」という主張を $p(n)$,「n は 5 の倍数である」という主張を $q(n)$ とします. 証明の一番肝心な部分は，$\neg p(n)$ を仮定して $q(n)$ を導く部分です. まず，n を 5 で割った余りに注目して愚直に場合分けをしたらどうなるか考えてみます.

$\neg p(n)$ という仮定からの $q(n)$ の導出例 1　いま $\neg p(n)$ を仮定する. 場合分けによって $q(n)$ を示す.

　場合 1：n が 5 で割り切れる場合，もちろん $q(n)$ が成り立っている.

　場合 2：n を 5 で割った余りが 1 のとき. ある整数 k があって $n = 5k+1$ とおける. $n^2 = (5k+1)^2 = 5^2k^2 + 10k + 1 = 5 \times (整数) + 1$，同様にして $n^4 = 5 \times (整数) + 1$. このとき $p(n)$ が成り立っている. これは仮定 $\neg p(n)$ に反する. つまり場合 2 は起こり得ないから，考える必要はない.

　場合 3：n を 5 で割った余りが 2 のとき. ある整数 k があって $n = 5k+2$ とおける. $n^2 = (5k+2)^2 = 5^2k^2 + 20k + 4 = 5 \times (整数) - 1$，同様にして $n^4 = 5 \times (整数) + 1$. このとき $p(n)$ が成り立っている. これは仮定 $\neg p(n)$ に反する. つまり場合 3 は起こり得ないから，考える必要はない.

　場合 4：n を 5 で割った余りが 3 のとき. ある整数 k があって $n = 5k+3 = 5(k+1) - 2$ とおける. 場合 3 と同様にして $n^2 = 5 \times (整数) - 1$，$n^4 = 5 \times (整数) + 1$. このとき $p(n)$ が成り立っている. これは仮定 $\neg p(n)$ に反する. つまり場合 4 は起こり得ないから，考える必要はない.

　場合 5：n を 5 で割った余りが 4 のとき. ある整数 k があって $n = 5k+4 = 5(k+1) - 1$ とおける. 場合 2 と同様にして $n^2 = 5 \times (整数) + 1$，$n^4 = 5 \times (整数) + 1$. このとき $p(n)$ が成り立っている. これは仮定 $\neg p(n)$ に反す

る．つまり場合 5 は起こり得ないから，考える必要はない．

　以上により，起こり得ない場合を除けば，必ず $q(n)$ が成り立つ．

　さて，場合 2 の最後の部分「これは仮定 $\neg p(n)$ に反する」をくそまじめに
書くと「これと仮定 $\neg p(n)$ により，矛盾が導かれた」ということです．した
がって場合 2 の議論は，場合分けの仮定「n を 5 で割った余りが 1」から矛盾
を導いているのです．したがって，否定の導入という決まり事（広い意味の背
理法）により，「n を 5 で割った余りは 1 でない」が示されたことになります．
　同様に場合 3, 4, 5 の議論はそれぞれ，「n を 5 で割った余りは 2 でない」，
「3 でもない」，「4 でもない」を背理法で示していると見ることもできます．こ
の例に限って言えば，背理法による証明は，起こり得ない場合を捨てるのと大
体同じことです．
　以下は本質的には導出例 1 とまったく同じ議論で，背理法の味を濃くした
別解です．

　$\neg p(n)$ という仮定からの $q(n)$ の導出例 2　　いま $\neg p(n)$ を仮定する．背理法
によって $q(n)$ を示す．背理法の仮定として $\neg q(n)$ とする．すなわち，n が 5
の倍数でないとする．
　このときある整数があって，$n = 5k \pm 1$ または $n = 5k \pm 2$ となる．

　場合 1：$n = 5k \pm 1$ のとき，$n^2 = 5 \times (\text{整数}) + 1$，よって $n^4 = 5 \times (\text{整数}) + 1$ となり，$p(n)$ が成り立つ．これは仮定 $\neg p(n)$ と矛盾する．
　場合 2：$n = 5k \pm 2$ のとき，$n^2 = 5 \times (\text{整数}) + 4 = 5 \times (\text{整数}) - 1$，よって $n^4 = 5 \times (\text{整数}) + 1$ となり，$p(n)$ が成り立つ．これは仮定 $\neg p(n)$ と矛盾する．

　以上，いずれの場合にも矛盾が導かれる．したがって（「または命題」から
他の主張を導くときの決まり事により），「$n = 5k \pm 1$ または $n = 5k \pm 2$」から
ら矛盾が導かれる．よって背理法により $q(n)$ が導かれた．

　以下も本質的には導出例 1, 2 とまったく同じ議論で，**対偶**を強調した別解

です.

　¬$p(n)$ という仮定からの $q(n)$ の導出例 3　対偶によって示す. いま ¬$q(n)$ を仮定する. すなわち, n が 5 の倍数でないとする. ここで $p(n)$ を示せばよい.

　上記で n は 5 の倍数でないと仮定したから, ある整数があって, $n = 5k \pm 1$ または $n = 5k \pm 2$ となる.

　場合 1：$n = 5k \pm 1$ のとき, $n^2 = 5 \times (整数) + 1$, よって $n^4 = 5 \times (整数) + 1$ となり, $p(n)$ が成り立つ.

　場合 2：$n = 5k \pm 2$ のとき, $n^2 = 5 \times (整数) + 4 = 5 \times (整数) - 1$, よって $n^4 = 5 \times (整数) + 1$ となり, $p(n)$ が成り立つ.

　以上, いずれの場合にも $p(n)$ が導かれる. したがって（「または命題」から他の主張を導くときの決まり事により）,「$n = 5k \pm 1$ または $n = 5k \pm 2$」から $p(n)$ が導かれた.

　こうして導出例 1, 2, 3 を一同に並べてみると, なるほど本質的には同じことを言っていて, 表現のしかたが違うだけだとわかります. 人それぞれ好みがあるでしょう.

井伊江のん ◎その好みが極端な人がいるんです. 背理法を用いて $\sqrt{2}$ が無理数であることを証明している本を見つけるたびに, 不自然な否定的レビューをネットに書き連ねるんです. その人は「背理法自粛警察」と呼ばれて煙たがられています. 背理法自粛警察さんは, 導出例 2 を見たらたぶんイヤミを言い出します.

　それはまた極端な方ですね. 私の推理を申し上げると, その方はウケ狙いで極端な人物像を演じていたところ, 予想以上に支持者が集まってしまい, 引っ込みがつかなくなったんじゃないでしょうか. で, その方はどんな否定的意見をおっしゃるんですか.

井伊江のん◎背理法自粛警察さんが言うには「背理法を使うと何をやっている
のかわからなくなる，だから背理法を使わない証明がよいのだ」だそうです．

　味わい深いなあ．背理法自粛警察さんのそのご意見自体，見事に背理法そっ
くりの筋書きになっていますよ．どちらかというと否定の導入ですが．

井伊江のん◎そうですか？　「背理法ゆえに，わけがわからなくなる，ゆえに
背理法などいらぬ」　…ああ，なるほど．背理法自粛警察さんって，自分は背
理法っぽい理屈をこねてるんだ，ずるいなあ．
宇奈月うい郎◎僭越ながら僕の推理を申し上げますと，その人は誰よりも背
理法への愛深きゆえに，背理法を独占したいんじゃないでしょうか．

　みんな，なんだかんだ言って大好きですよね，背理法．

7.4　存在と「または」についての補足

　存在と「または」について，上記ではふれなかった簡単な定石を紹介します．
6.5 節で述べた事柄と同様に，これらは一見して当たり前と思えることであり，
ふだん無意識に使っているはずです．

　他の主張から存在命題を証明するときの定石　今回の始めに見たのは，存
在命題から他の主張を証明するときの定石でした．他の主張から存在命題を証
明するときの定石は，もっと単純です．なんでもいいのですが，なにかある t
に対して $p(t)$ が成り立つことがわかったら，そこから $\exists x\, p(x)$ を導けます．

$$\frac{p(t)}{\exists x\, p(x)}$$

　他の主張からまたは命題を証明するときの定石　または命題から他の主張
を証明するときの定石も学びました．他の主張からまたは命題を証明するとき
の定石は，やはり単純です．p から $p \vee q$ を導けます．同様に，q から $p \vee q$ を
導けます．

$$\frac{p}{p \vee q} \qquad \frac{q}{p \vee q}$$

　次回はここまで学んだ証明の定石を整理し，自然演繹(しぜんえんえき)というシステムを導入します．

———— 第 **8** 章 ————
ユーザーのための
自然演繹

　疑問解決編の終盤から前回までを振り返ってみます．数学やコンピュータの
世界には「IF（イフ）」や「ならば」が出てきます．日本語の単語「ならば」，
PC の IF，真理値表の話に出てくる「ならば」，証明の「ならば」などです．
たとえていうと，これらはどれも英単語の if から徒歩 15 分以内にあります
が，それぞれ違う方向に徒歩 15 分なので，お互いはそれなりに離れているの
でした．

　とくに数学の証明に出てくる「ならば」については次のように説明しました．

- 何をすれば，「p ならば q」を導いたことになるのか，という決まり事
- 「p ならば q」から他の命題を導くときの決まり事

をはっきりさせることによって，数学の「ならば」の意味を間接的に定義しま
した．同様の説明を「かつ」「または」「任意」「存在」についても行いました．
ここまでに登場した一連の規則をまとめます．

8.1　命題論理の規則

「かつ」命題を証明するときの規則
$$\frac{p \quad q}{p \wedge q} \quad \text{かつ入れ}$$

　「かつ」が入った命題を証明する規則の愛称が「**かつ入れ**」です．もう少し
ていねいな愛称は，「かつ」の導入規則といいます．横線の上には「かつ」の記
号 ∧ がなくて下にはありますよね．「かつ」の記号が入ってきたように見える
でしょう．

「かつ」命題から他の主張を証明するときの規則

$$\frac{p \wedge q}{p} \quad \text{かつ取り 1} \qquad\qquad \frac{p \wedge q}{q} \quad \text{かつ取り 2}$$

　「かつ」が入った命題から他の主張を証明する規則の愛称が「**かつ取り**」で
す．もう少していねいな愛称は，「かつ」の除去規則といいます．横線の上には
「かつ」の記号 ∧ があって下にはないです．「かつ」の記号が取り除かれたよう
に見えます．以下同様に，ナントカが入った命題を証明する規則の愛称が「ナ
ントカの導入規則」略して「ナントカ入れ」．そしてナントカが入った命題か
ら他の主張を証明する規則の愛称が「ナントカの除去規則」略して「ナントカ
取り」です．

「または」命題を証明するときの規則

$$\frac{p}{p \vee q} \quad \text{または入れ 1} \qquad\qquad \frac{q}{p \vee q} \quad \text{または入れ 2}$$

「または」命題から他の主張を証明するときの規則

$$
\begin{array}{ccc}
 & [p] & [q] \\
 & \vdots & \vdots \\
p \vee q & r & r \\
\hline
\multicolumn{3}{c}{r}
\end{array} \quad \text{または取り}
$$

「または取り」は，p から r を導くことができて q からも r を導くことができるとき $p \vee q$ から r を導ける，そしてここで仮定 p, q が解消されるという規則です.

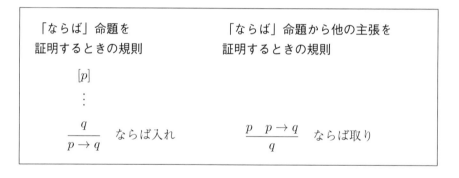

「ならば」命題を
証明するときの規則

$$
\begin{array}{c}
[p] \\
\vdots \\
q \\
\hline
p \to q
\end{array} \quad \text{ならば入れ}
$$

「ならば」命題から他の主張を
証明するときの規則

$$
\frac{p \quad p \to q}{q} \quad \text{ならば取り}
$$

「ならば入れ」は，p から q を導くことができるとき $p \to q$ を導ける，そしてここで仮定 p が解消されるという規則です.

「**否定入れ**」は，p から矛盾を導けるとき $\neg p$ を導ける，そしてここで仮定 p が解消されるという規則です．「ナントカ入れ」と「ナントカ取り」のペアになっていない規則もいくつかあります.

矛盾についての規則 [1] は，矛盾からはなんでも導けるという規則です．**背理法**は，$\neg p$ から矛盾を導けるとき p を導ける，そしてここで仮定 $\neg p$ が解消されるという規則です．ここまではすべて，前回までに紹介済みの規則です．あと二つ追加します.

---

[1] この規則の呼び名は文献によって違い，一定していない.

排中律　　　　　　　　　　二重否定命題から他の主張を
　　　　　　　　　　　　　証明するときの規則

$$\frac{}{p \vee \neg p}$$　排中律　　　　$$\frac{\neg\neg p}{p}$$　二重否定取り

排中律は横線の上に何も書いてありません．排中律は，とくに何も仮定しなくても $p \vee \neg p$ は導けるという規則です．二重否定取りは，p の否定の否定からもとの p を導けるという約束です．

井伊江のん ◎二重否定入れもないとかわいそうですよ．つまりこういうのです．

二重否定命題を証明するときの規則

$$\frac{p}{\neg\neg p}$$　二重否定入れ

鋭いご指摘ですね．よく気がつきました！　たしかに，その規則があってもいいです．ただし，これは他の規則からすぐ作れます．まず否定取りにより，p と $\neg p$ から矛盾が出ます．ここでしばらく p を固定しておきます．くだけて言えば，p が成り立つ場合を考えます．すると $\neg p$ から矛盾が出たので否定入れによって $\neg\neg p$ が導かれます．では

$$\frac{}{\neg\neg p}$$

となるのかというと，そうではありません．あくまでも p が成り立つ場合の話なので，二重否定入れが成り立ちます．

井伊江のん ◎なるほど．それでもやっぱり，二重否定取りだけがあって二重否定入れがないのは美しくないです．

宇奈月うい郎 ◎別に美しくても美しくなくても僕はかまいませんが.

　実は，二重否定取りも他の規則からすぐ出ます.　まず否定取りにより，¬p と ¬¬p から矛盾が出ます.　ここでしばらく ¬¬p を固定しておきます.　言い換えると，¬¬p が成り立つ場合を考えます.　すると ¬p から矛盾が出たので背理法によって p が導かれます.　では

$$\overline{}\\ p$$

となるのかというと，そうではありません.　あくまでも ¬¬p が成り立つ場合の話なので，二重否定取りが成り立ちます.

宇奈月うい郎 ◎おお，経済的.
井伊江のん ◎そう来たか.「おお，美しい」じゃないのか….
宇奈月うい郎 ◎もっと節約できませんか.　排中律も他の規則から導けませんか.

　できます.　後でやるので楽しみにしておいてください.

8.2　述語論理の規則

　任意命題を証明したいときや，逆に任意命題から何かを証明したいときに使える規則は以下の通りです.

任意命題を証明するときの規則 （$p(x')$ を導けた場合）	任意命題から他の主張を 証明するときの規則
$\dfrac{p(x')}{\forall x\, p(x)}$ 　任意入れ	$\dfrac{\forall x\, p(x)}{p(t)}$ 　任意取り

　任意入れの上の式に出てくる x' は，しがらみのない新しい文字です [2].　ア

---

[2]「しがらみがない新しい文字」と，以下に述べる「悪い代入」について，ここでは直観的な説明にとどめます.　詳しくは付録参照.

イゲン・バリアブルともよばれます．任意入れは，このような文字 x' に対して $p(x')$ を導けたとき，$\forall x\, p(x)$ を導けたものとみなす，という規則です．この規則に込められている気持ちは，文脈に関係のない文字について成り立つ性質は，当たり前の性質に限るということです．

　任意取りの下の式に出てくる t は，$p(x)$ の x に代入できるものならなんでもかまいません．

宇奈月うい郎◎ということは，t は本当になんでもいいわけですか．

　厳密にいうと少し違います．ただ，ここを厳密にいうと少し面倒くさいのでごまかしたいのです．

宇奈月うい郎◎厳密でなくてもいいから少しぐらい説明していただけませんか．

　代入の中には，悪い代入があるのです．ふつう，悪い代入は禁止します．たとえば，$p(x)$ が

$$\exists y\ x \neq y$$

だとしましょう．x とは異なる y があるという主張です．いま全体集合として自然数全体 $\mathbb{N}$ を考えることにすると，どんな自然数 x に対してもそれとは異なる自然数 y があります．つまり $\mathbb{N}$ という世界では以下が成り立っています．

$$\forall x\ \exists y\ x \neq y$$

任意取りによれば，どんな具体的な自然数 t に対しても $p(t)$ が成り立ちます．$p(0), p(1), p(2)$，そして $p(100)$，いずれも成り立ちます．具体的に書けば $\exists y\ 0 \neq y$, $\exists y\ 1 \neq y$, $\exists y\ 2 \neq y$，および $\exists y\ 100 \neq y$ はすべて成り立ちます．ここまではなんの不都合もありません．ここで少々意地悪をしてみます．「x には何を代入してもいいんだって？　なら，y はどうだ」と考えます．この y は $p(x)$ の中ですでに使われている特別な文字なのですよ．$\exists y\ x \neq y$ の y です．代入する文字としてこの y を使うなんて，まるでコンピュータへの不正アクセスみたいで不吉な予感がしませんか．実際，y を $p(x)$ の x に代入するとこうなります．

$$\exists y \; y \neq y$$

これは何を意味するのかというと，$y \neq y$ をみたす y が存在する，という誤った主張です．これが悪い代入の例です．ふつう，こういう悪い代入は禁止します．どうしても $p(x)$ の x に y を代入したいときは，$p(x)$ と意味は同じだけれど y が現れない，たとえば

$$\exists z \; x \neq z$$

を考えます．これの x に y を代入して $\exists z \; y \neq z$ とするのはかまいません．任意取りの下の式に出てくる t は，$p(x)$ の x に代入できるものならなんでもかまいませんが，悪い代入が起きる場合は例外的に認めません．この，悪い代入を厳密に定義するのが面倒なのでごまかしたいのです．

宇奈月うい郎◎厳密にはわかっていませんが，悪い代入がどういうものか，どうやって悪い代入を回避すればよいか，なんとなくはわかりました．

ここはひとつ，そのなんとなくわかったところで勘弁してください．次に進みましょう．

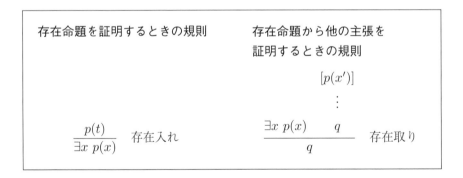

存在命題を証明するときの規則	存在命題から他の主張を証明するときの規則
$\dfrac{p(t)}{\exists x \; p(x)}$　存在入れ	$\dfrac{\exists x \; p(x) \qquad q}{q}$　存在取り（上に $[p(x')]$ からの導出）

存在入れの上の式に出てくる t は，$p(x)$ の x に代入できる文字ならなんでもかまいません．今回も，悪い代入 [3] が起きるときは例外的に禁止します．

---

[3] 「悪い代入」と「しがらみがない新しい文字」について，詳しくは付録参照．

　存在取りの上の式に出てくる x' は，しがらみのない新しい文字です．これもアイゲン・バリアブルとよばれます．存在取りは，このような文字 x' に対する $p(x')$ を仮定して q を導けることがわかったら，$\exists x\, p(x)$ から q を導いてよい，そしてそこで仮定 $p(x')$ が解消する，という規則です．この規則に込められている気持ちは，性質 p をみたすものがあると仮定するとき，そのようなものの一つに名前を付けて話を進めてよい，ただし他とかぶらない新しい文字を使いなさい，ということです．

　このほかに，等号についての約束もあります．最初のは同じものを等号で結んだ主張は天下りに認めてよいという約束事で，等号公理とよばれることもあります．もう一つは，$p(x)$ の x に t を代入した $p(t)$ と $t = s$ から，$p(x)$ の x に s を代入した $p(s)$ を導いてよいという規則です．一応こういう約束があるのですが，我々は等号についてはおおらかに運用していきましょう．

等号についての約束その 1   等号についての約束その 2

$$\overline{t = t} \qquad\qquad \frac{p(t) \quad t = s}{p(s)}$$

　さて 1930 年代にゲンツェンという人が記号論理の規則の集まりについて研究をしていました．「記号論理の規則の集まり」という言い方は長いので，本章の残りの部分ではシステムといいます．

宇奈月うい郎◎システムという言葉はいつもその意味に使われるんですか．

　いいえ，文脈によって意味が変わります．ここしばらくは，その意味で使います．さて，ゲンツェンは 1935 年の論文で，**自然演繹 NK** というシステムを導入しました．

宇奈月うい郎◎演繹って何でしたっけ．

　演繹というのは，証明とだいたい同じ意味です．ただし，証明という言葉は

仮定も結論も正しいと期待できるものを指すことが多いです．それに対して演繹という言葉はもう少し広い意味に用います．背理法の仮定から出発して矛盾に至る部分だけでも，演繹です．話をもとにもどしますよ．NK は「古典的自然演繹」を表すドイツ語に由来する名前です．前節であげた命題論理の規則と本節であげた述語論理の規則を合わせたものは，NK をお手本にしたものです．ゲンツェンのもともとの問題意識は数理論理学の専門的なものです．我々はいまそういう専門的な話をしているわけではありません．数学者が無意識に使っている論理の決まり事を明文化したものとして，自然演繹を学んでいるのです．

井伊江のん ◎数学者は論理の決まり事を無意識に使っているのですか．

　たいていはそうでしょう．数学者の中にも，「または取り」なんていう言葉は聞いたことがないという人も大勢いると思います．そういう方々も「または」を含む命題から何かを示すとき，無意識に「または取り」をしています．彼らは膨大な数学の本を読んでいるうちに「数学語のネイティブ・スピーカー」と言うべき境地に至ったのでしょう．何語であっても，ネイティブ・スピーカーは「文法用語は忘れたけど，この場合はこう言うんだ．習うより慣れよだよ」と言いがちです．

井伊江のん ◎たしかに．知り合いで英語のネイティブ・スピーカーがいるんですが，私がその人に「この場合はなんで a じゃなくて the を使うの」って尋ねたら「理屈はよくわからないけれどこういう場合は the なんだよ」って言われたことがあります．

宇奈月うい郎 ◎僕は逆の経験があります．留学生から「この場合はなんで「これは」じゃなくて「これが」を使うの」って尋ねられたことがあって，「理屈はよくわからないけれどこういう場合は「これが」なんだよ」って答えました．

　ネイティブ・スピーカーと違って，第 2 言語を学ぶ人にとっては，文法の最重要ポイントを学ぶ方が効率的です．数学語の文法の最重要ポイントのつもりで自然演繹を学んでいるわけです．自然演繹の知識だけで数学の証明がすらすら読めるようになるわけではありません．自然演繹の知識と，各分野ごとの知識を合わせることによって，数学の証明を読む力が付きます．

宇奈月うい郎 ◎各分野というのは何でしょうか.

　たとえば線形代数や微積分，代数入門，位相空間入門，離散数学などです.

8.3　ラクをするための規則

　ここで，自然演繹 NK にはない規則を付け加えます.

論理のユーザーがラクをするための規則
　命題または条件 p, q が，第 I 部でやったように論理関数として同じであるとき，p から q を導ける（逆に q からも p を導ける）.

井伊江のん ◎ラクをするなんて，なんだか申し訳ないです.

　根性さえあれば，上記の規則なしでもなんとかなりますよ.

宇奈月うい郎 ◎僕はラクをしたいです.

　では必要に応じて上記の規則を活用してください. 例をあげて使い方を説明します.

　例 8.3.1　例題 3.2.1 により，三つの論理関数 not not A, A and A, A or A は同じ論理関数であり，ただの A と同じである. したがって $\neg\neg p, p \wedge p, p \vee p, p$ の中からどの二つを選んでも，一方から他方を導ける.

宇奈月うい郎 ◎同じ論理関数ってどういうことでしたっけ.

　真と偽，略して T と F をブール値あるいは真理値といいます. 表計算ソフトでは TRUE, FALSE を使います. A のブール値が決まれば not not A のブール値も決まります. その意味で not not A のブール値は A のブール値の

関数です．実際，表計算ソフトの NOT 関数を用いて =NOT(NOT($A2)) の
ような式を書けば，その関数を計算できるのでした．同じように考えて，A
and A と A or A も関数とみなせます．すると A のブール値が TRUE のと
きも FALSE のときもこれら三つの関数の値は A 自身の値と一致します．

宇奈月うい郎◎論理関数が同じかどうか，表計算ソフトで確認できるのはラ
クでいいですね．
井伊江のん◎ラクをせず根性と努力でやるとどうなりますか．

　表計算ソフトの代わりに，手作業で表を書いてもいいです．

井伊江のん◎いえ，そうではなくて，ラクをするための規則に頼らないでや
るとどうなりますか．

　4 個（$p, \neg\neg p, p \wedge p, p \vee p$）から順番込みで二つ q, r を選ぶ選び方の総数は
高校数学で計算して $4 \times 3 = 12$ 通りあります．その各々の場合について，前
節と前々節の規則だけで q から r を導いてみせれば十分です．しかしこのや
り方ではあまりにお人好しなので，片方は p に固定しておいて q を残り三つ
から選び，q から p を導き，p から q を導けばいいです．

宇奈月うい郎◎どうしてそれでいいのでしょうか．q, r がともに p でない場
合はどうするのでしょう．

　q から p を導けることと，p から r を導けることを合わせれば q から r を
導けることがわかります．p を中継地点に使うのです．

井伊江のん◎ $\neg\neg p$ から p を導くのは「二重否定取り」一発ですね．p から
$\neg\neg p$ も前に導きましたね．一発ではなかったような．どうするんでしたっけ．

　覚える必要はないですが，頭の中を整理するために復習してみましょう．こ
うなります．

$$\frac{p \quad [\neg p]_1}{\text{矛盾}} \quad \text{否定取り}$$

$$\frac{}{\neg\neg p} \quad \text{否定入れ, 1 解消}$$

ここで「1 解消」の 1 は, $[\neg p]_1$ の右下の目印「1」のことです.「1 解消」と書いてある時点で仮定 $\neg p$ が解消されたのです. 角括弧 [ ] は, 解消された仮定に付ける目印です.

宇奈月うい郎◎「この時点で仮定 $\neg p$ が解消された」ってどういうことでしたっけ.

そこまでは $\neg p$ が成り立つ場合を考えていたけれども, ここから先はそういう縛りはなくすということです. たとえていうと, まず $\neg p$ という借金をして取引を進めてから, その時点で借金 $\neg p$ を返済して次の取引に入るということです. 話を戻しましょう. $p \wedge p$ から p を導くのは「かつ取り」一発です. p 二つから「かつ入れ」一発で $p \wedge p$ を導けるので, p から $p \wedge p$ を導けることになります. p から $p \vee p$ を導くのは「または入れ」一発です.

井伊江のん◎あとは $p \vee p$ から p を導けば完成ですね.

p から p を導けて, p から p を導けるので,「または取り」一発で $p \vee p$ から p を導けます.

井伊江のん◎面白い.
宇奈月うい郎◎面白いっていうより, 少し面倒くさいです. 根性と努力の話はこのへんにして, ラクをする規則のお話をもっとうかがいたいです.

公式に現れる式に別の式を代入するパターンを考えてみましょう. たとえば高校数学で $a^2 - b^2 = (a+b)(a-b)$ という公式を学びましたね. ここに現れる a, b にそれぞれ, たとえば $x+1$ と $y-2$ を代入した式も成り立ちます. つまり $(x+1)^2 - (y-2)^2 = (x+1+y-2)(x+1-(y-2)) = (x+y-1)(x-y-1)$ です. いま我々が考えている話の中でも似たことが成り立ちます.

例 **8.3.2**　例題 3.2.1 により，三つの論理関数 not not A, A and A, A or A は同じ論理関数であり，ただの A と同じであった．この A の部分になにか，たとえば $p \to q$ を代入して得られるものはもとの式と同値である．したがって $\neg\neg(p \to q), (p \to q) \wedge (p \to q), (p \to q) \vee (p \to q), p \to q$ の中からどの二つを選んでも，一方から他方を導ける．

また，見た目上は A と B しか現れていなくても A, B, C の論理関数と思いたければそう思ってかまいません．

例 **8.3.3**　$A \wedge B$ と $(B \wedge A) \wedge (C \vee \neg C)$ は，A, B, C の論理関数として同じである．疑問に思う場合は表計算ソフトで確かめればよい．そこで A, B, C のそれぞれに $p \vee q, r, q \to r$ を代入して $(p \vee q) \wedge r$ と $(r \wedge (p \vee q)) \wedge ((q \to r) \vee \neg(q \to r))$ を作ると，これら二つのどちらからももう一方を導ける．

ラクをするための規則と，第 3 章で学んだことからわかることをまとめてみます．「p から q を導けるし，q からも p を導ける」ということを，ここでは「$p \equiv q$」と書くことにします．

1. べき等法則：$p \wedge p \equiv p, \quad p \vee p \equiv p$
2. 交換法則：$p \wedge q \equiv q \wedge p, \quad p \vee q \equiv q \vee p$
3. 結合法則：$(p \wedge q) \wedge r \equiv p \wedge (q \wedge r), \quad (p \vee q) \vee r \equiv p \vee (q \vee r)$
4. 分配法則：$(p \wedge q) \vee r \equiv (p \vee r) \wedge (q \vee r),$
   $(p \vee q) \wedge r \equiv (p \wedge r) \vee (q \wedge r)$
5. 吸収法則：$p \wedge (p \vee q) \equiv p, \quad p \vee (p \wedge q) \equiv p$
6. ド モルガンの法則：$\neg(p \wedge q) \equiv \neg p \vee \neg q, \quad \neg(p \vee q) \equiv \neg p \wedge \neg q$

★次回予告…ラクをするための規則だけでは説明しづらい点を集中的に攻略します．

第 9 章

自然演繹における証明

　真理値表を書くだけでは説明しづらいところを重点的に学びます．自然演繹の規則を活用していきましょう．

9.1　「ならば」が not A or B であることの説明

　数学の本では「A → B とは not A or B のことである」と約束する場合も多いです．しかし，この約束は唐突なものに見えるのではないでしょうか．

宇奈月うい郎◎僕はその程度の唐突さなら受け入れます．実社会はもっと理不尽なことばかりですし．

井伊江のん◎私はやっぱり，その約束は抵抗があります．中学校以来さんざん使ってきた「ならば」に無言で意味の上書きをするなんて，乱暴です．

　この約束を紳士的に説明し直しましょう．そのために自然演繹を用います．自然演繹では，p から q を導ける場合は，$p \to q$ が導けます．また逆に，$p \to q$ を仮定として用いてよい場合は，p から q を導けます．

宇奈月うい郎◎そうでしたっけ．

　はい．まず p から q を導ける場合を考えましょう．このとき，ならば入れによって $p \to q$ を導けます．次に $p \to q$ を仮定する場合を考えます．このとき，さらに p という仮定があれば，ならば取りによって q を導けます．

$$\begin{array}{c} [p] \\ \vdots \\ \dfrac{q}{p \to q} \end{array} \quad \text{ならば入れ} \qquad\qquad \begin{array}{c} \text{仮定} \\ \dfrac{p \quad p \to q}{q} \end{array} \quad \text{ならば取り}$$

　このように自然演繹では，p から q を導けることと，$p \to q$ を導けることは同じことになります．ところで中学校の数学の教科書には，「A から B を導けることと，A ならば B が成り立つことは同じと思ってよい」という趣旨のことが書かれています．自然演繹の $\to$ は，中学数学の「ならば」の自然な発展形だと考えられます．そこで，自然演繹の規則だけを用いて，

$$p \to q \equiv \neg p \lor q \tag{9.1.1}$$

を示したいと思います．すなわち，以下二つを示していきます．

(1) $p \to q$ から $\neg p \lor q$ を導ける．

(2) $\neg p \lor q$ から $p \to q$ を導ける．

　まず (1) からいきますよ．$p \to q$ を仮定として使える場合を考えます．要するに，$p \to q$ が成り立つ場合を考えます．

井伊江のん ◎解法が全然思いつかなくて不安です．

　迷路を脱出するパズルみたいなものです．迷路の出口から逆にたどっていきましょう．そして，大きな問題を小さな問題に分解していくのです．いま我々は $p \to q$ が成り立つ場合を考えていて，目的は $\neg p \lor q$ を導くことです．戦略としては背理法を用います．$\neg(\neg p \lor q)$ から矛盾を導きます．途中までやってみます．

仮定

$$\cfrac{\cfrac{p \to q \quad p}{q}}{\neg p \vee q} \quad\text{ならば取り}\atop\text{または入れ}$$

$$\cfrac{\neg p \vee q \qquad\qquad \neg(\neg p \vee q)}{矛盾}\quad\text{否定取り}$$

井伊江のん ◎やった！　できましたね.

　いえ，まだ途中です．左上の方に仮定 p が残っています．たとえていうなら
ローンが残っているようなものです．頑張って返済しましょう．上の図式の一
番下に否定入れを追加して，この仮定 p を解消します．すると $\neg p$ が出て，ま
たは入れによって $\neg p \vee q$ が出ます.

仮定

$$\cfrac{p \to q \quad [p]_1}{q}\quad\text{ならば取り}$$
$$\cfrac{\quad}{\neg p \vee q}\quad\text{または入れ}\qquad \neg(\neg p \vee q)$$
$$\cfrac{\quad}{矛盾}\quad\text{否定取り}$$
$$\cfrac{矛盾}{\neg p}\quad\text{否定入れ，1 解消}$$
$$\cfrac{\neg p}{\neg p \vee q}\quad\text{または入れ}$$

井伊江のん ◎やった！　今度こそ $\neg p \vee q$ を導けましたね.

　いえ，まだ途中です．仮定 $\neg(\neg p \vee q)$ が残っています．もう 1 回 $\neg(\neg p \vee q)$
をぶつけて矛盾を出します．そこで背理法を適用して，仮定 $\neg(\neg p \vee q)$ 二つを
解消します．これで本当に $\neg p \vee q$ が出ます.

宇奈月うい郎 ◎左上の $p \to q$ と p は左右を逆にすべきではありませんか.

　よく気付きました．ささいなことなのでそこは気にしないことにしましょう.

$$
\cfrac{
\cfrac{
\cfrac{
\cfrac{p \to q \quad [p]_1}{q} \text{ ならば取り}
}{\neg p \lor q} \text{ または入れ}
}{\text{矛盾}} \quad [\neg(\neg p \lor q)]_2 \text{ 否定取り}
}{}
$$

仮定

$$p \to q \quad [p]_1$$ ならば取り
$$q$$
または入れ
$$\neg p \lor q \qquad\qquad [\neg(\neg p \lor q)]_2$$ 否定取り
$$\text{矛盾}$$ 否定入れ，1 解消
$$\neg p$$ または入れ
$$[\neg(\neg p \lor q)]_2 \quad \neg p \lor q$$ 否定取り
$$\text{矛盾}$$ 背理法，2 解消（2 箇所）
$$\neg p \lor q$$

井伊江のん ◎やはりここは背理法がどうしても必要ですか.

　排中律とまたは取りを使った別解もできますよ. 作戦としてはこういう感じです.

仮定

$$p \to q, [p]_1 \qquad [\neg p]_1$$

排中律　　$\vdots$　　　$\vdots$

$$\cfrac{p \lor \neg p \qquad \neg p \lor q \qquad \neg p \lor q}{\neg p \lor q} \text{ または取り，1 解消}$$

　ここで $p \to q$ と p から $\neg p \lor q$ を導けることはついさきほど確認済みです. 一方，$\neg p$ からは，または入れ一発で $\neg p \lor q$ を導けます.

井伊江のん ◎または取りはこういう使い方をしていいんですか. 解消する仮定の横に $p \to q$ がついていますが.

　はい，この文脈では $p \to q$ を仮定しているので，こういう使い方が許されます. さて，次は逆をやりますよ. 先に (1), (2) とあげたうちの (2) を示します. $\neg p \lor q$ を仮定として使える場合を考えます. つまり $\neg p \lor q$ が成り立つ場合を考えます. 目標は $p \to q$ を示すことです. ここでも，または取り作戦でいきましょう. $\neg p$ から $p \to q$ を導き，さらに q からも $p \to q$ を導けば，ま

たは取りによって $\neg p \lor q$ から $p \to q$ を示せたことになります.

$$
\begin{array}{cc}
[\neg p]_1 & [q]_1 \\
\vdots & \vdots
\end{array}
$$

$$
\frac{\neg p \lor q \qquad p \to q \qquad p \to q}{p \to q} \qquad \text{または取り，1 解消}
$$

　簡単な方からいきましょう. q から $p \to q$ を導くにはどうしたらよいでしょうか. 仮定 q の下では，はじめから q が導かれています. 余計な仮定 p を付け加えても，q を導けることに変わりはありません. すると，ならば入れによって仮定 p が解消されて，$p \to q$ が出ます.

　では，$\neg p$ から $p \to q$ を導くにはどうしたらよいでしょうか. $\neg p$ と p から，否定取りで矛盾が出て，矛盾からは何でも出るので q を出せます. つまり，$\neg p$ を仮定すると，p から q が出ます. すると，ならば入れによって仮定 p が解消されて，$p \to q$ が出ます.

$$
\frac{\dfrac{[p]_1 \qquad \neg p}{\text{矛盾}} \quad \text{否定取り}}{\dfrac{q}{p \to q}} \begin{array}{l} \\ \text{矛盾の規則} \\ \text{ならば入れ，1 解消} \end{array}
$$

　以上で (9.1.1)，すなわち $p \to q \equiv \neg p \lor q$ が示されました.

井伊江のん ◎「「否定命題を作れ」の解法を教えてください」の回では暗記で乗り切っていました. 説明を入れるとこうなるんですね.

　この際ですから，「「否定命題を作れ」の解法を教えてください」の補足を続けましょう. ならば命題の否定の話です.

　例題 9.1.1　$\neg(p \to q) \equiv p \land \neg q$ となることを，第 8 章で学んだ規則に従って説明しなさい. よりくわしくいうと，$\neg(p \to q)$ から $p \land \neg q$ を導くことができ，逆に $p \land \neg q$ から $\neg(p \to q)$ を導くこともできることを，第 8 章で学んだ規則に従って説明しなさい.

解 (9.1.1) すなわち $p \to q \equiv \neg p \lor q$ とド モルガンの法則を用いると, $\neg(p \to q) \equiv \neg(\neg p \lor q) \equiv \neg\neg p \land \neg q$ である. ここで $\neg\neg p \equiv p$ だから(最後の式)$\equiv p \land \neg q$.

前回の宇奈月君との約束も果たしましょう. 他の規則から排中律を導いてみます(8.1 節).

例題 9.1.2 以下の 10 個の規則以外は用いずに, 排中律 $p \lor \neg p$ を導けることを示せ.
(1) かつ入れ,　(2) かつ取り,　(3) または入れ,　(4) または取り,
(5) 否定入れ,　(6) 否定取り,　(7) ならば入れ,　(8) ならば取り,
(9) 矛盾についての規則,　(10) 背理法.

解 p から p を示せるので, ならば入れにより $p \to p$ を示せる. ここで仮定 p が解消される. さて, 規則 (1) から (10) を用いると $p \to q$ から $\neg p \lor q$ を導けることを確認済みである. そのときの議論を少し修正すると, 規則 (1) から (10) を用いて $p \to q$ から $q \lor \neg p$ を導けることがわかる(または入れを使って $\neg p \lor q$ を導いた 2 箇所で代わりに $q \lor \neg p$ を導き, $\neg p \lor q$ が現れたところをすべて $q \lor \neg p$ で置き換える). とくに q が p そのものである場合を考えると, $p \to p$ から $p \lor \neg p$ を導ける. 以上により, 規則 (1) から (10) を用いると $p \lor \neg p$ を導けることがわかった.

宇奈月うい郎◎ p から p を導くルールなんてありましたっけ.

　くどくなると思って説明を省いていました. p から p を導けます. 同様に p, q, r から p を導けます. p, q, r から q を導くのも r を導くのも許されます.

9.2　任意と存在の否定

　変数 x に具体的な値を代入すると命題になる主張は, 高校数学では x についての条件とよばれます. 大学では x についての述語ということもあります.

条件 $p(x)$ の x に a を代入した命題を $p(a)$ で表します．たとえば $p(x)$ が条件「x は偶数である」の場合，$p(4)$ は命題「4 は偶数である」であり，これは真です．また，$p(5)$ は命題「5 は偶数である」であり，これは偽です．

例題 9.2.1　述語 $p(x)$ に対して，$\neg \forall x\, p(x) \equiv \exists x\, \neg p(x)$ となることを，第 8 章で学んだ規則に従って説明しなさい．

考え方（前半）　左辺から右辺を導く手がかりとして $\neg \exists x\, \neg p(x)$ から $\forall x\, p(x)$ を導きます．新しい文字 x' をアイゲン・バリアブルとし，$p(x')$ を導いてから任意入れ，という出口戦略を立てます．

$$
\cfrac{\cfrac{\neg \exists x\, \neg p(x) \quad \cfrac{[\neg p(x')]_1}{\exists x\, \neg p(x)} \text{ 存在入れ}}{\text{矛盾}} \text{ 否定取り}}{\cfrac{p(x')}{\forall x\, p(x)} \text{ 任意入れ}} \text{ 背理法，1 解消}
$$

解（前半）　新しい文字 x' をとり，上記の図式を書き，左上の $\neg \exists x\, \neg p(x)$ を $[\neg \exists x\, \neg p(x)]_2$ で置き換え，さらに最下部の $\forall x\, p(x)$ を以下の図式で置き換える．これで，$\neg \forall x\, p(x)$ から $\exists x\, \neg p(x)$ を導けた．

$$
\cfrac{\cfrac{\neg \forall x\, p(x) \quad \forall x\, p(x)}{\text{矛盾}} \text{ 否定取り}}{\exists x \neg p(x)} \text{ 背理法，2 解消}
$$

解（後半）　次に新しい文字 y' をとり，以下の図式を考えると，$\exists x\, \neg p(x)$ から $\neg \forall x\, p(x)$ を導けることがわかる．

$$
\cfrac{\exists x\, \neg p(x) \quad \cfrac{[\neg p(y')]_2 \quad \cfrac{[\forall x\, p(x)]_1}{p(y')} \text{ 任意取り}}{\cfrac{\text{矛盾}}{\neg \forall x\, p(x)} \text{ 否定入れ，1 解消}} \text{ 否定取り}}{\neg \forall x\, p(x)} \text{ 存在取り，2 解消}
$$

例題 9.2.2 述語 $p(x)$ に対して，$\neg\exists x\ p(x) \equiv \forall x\ \neg p(x)$ となることを，第 8 章で学んだ規則に従って説明しなさい．

解 例題 9.2.1 により $\neg\forall x\ \neg p(x) \equiv \exists x\ \neg\neg p(x)$. 両辺の否定をとると $\neg\neg\forall x\ \neg p(x) \equiv \neg\exists x\ \neg\neg p(x)$. 二重否定を消すと $\forall x\ \neg p(x) \equiv \neg\exists x\ p(x)$.

9.3 高校数学の「ならば」

高校数学では，条件 p, q に対して $p \Longrightarrow q$ という命題を考えました．この矢印も「ならば」と読みます．高校数学ではふつう，この「ならば」についてごまかした説明をします．そしてほとんどの場合，先生は「ここでごまかしているのだよ」とすら言いません．

宇奈月うい郎◎はい，僕は高校生のとき，「ならば」についてとくに疑問を感じませんでした．高校の先生も全然隠し事をしている感じはしませんでした．

でしょうね．生徒も先生もごまかしに気づいていないなら，そのまま放置してあげるのが幸せなのかもしれません．じゃあ，この話題はやめて次の話題に移りましょうか．

井伊江のん◎いいえ，やめないで掘り下げてください．高校生のとき，数学の教科書に出てくる太い矢印（$\Longrightarrow$）は釈然としませんでした．

リクエストありがとうございます．高校数学の「ならば」について，大人向けの説明にはいくつかのやり方があります．

その 1：読む人にやさしい説明 $p \Longrightarrow q$ とは $\forall x\ (p(x) \to q(x))$ のことである．式 (9.1.1) により，これは $\forall x\ (\neg p(x) \lor q(x))$ と同じことになる．

$$
\begin{aligned}
p \Longrightarrow q &\equiv \forall x\ (p(x) \to q(x)) \qquad [\Longrightarrow \text{の定義}] \\
&\equiv \forall x\ (\neg p(x) \lor q(x)) \qquad [(9.1.1) \text{による}]
\end{aligned}
\tag{9.3.1}
$$

この教室では原則として，その 1 のやり方で話を進めます．

宇奈月うい郎◎「その 1：読む人にやさしい説明」とおっしゃるからには，「その 2：書く人にやさしい説明」というのもお考えなのですね．

　そうです．でも今回はパスしておきます．

井伊江のん◎もったいぶらないでくださいよ．

　すみません，書く人にやさしい説明については次回に必ずお話しします．その 1 の考え方に基づいて例題をやってみましょう．

　例題 9.3.1　述語 $p(x), q(x)$ に対して，$\neg(p \implies q) \equiv \exists x\ (p(x) \wedge \neg q(x))$ となることを，第 8 章で学んだ規則に従って説明しなさい．
　解

$$
\begin{aligned}
\neg(p \implies q) &\equiv \neg\forall x\ (\neg p(x) \vee q(x)) &&\text{[式 (9.3.1) による]}\\
&\equiv \exists x\ \neg(\neg p(x) \vee q(x)) &&\text{[例題 9.2.1 による]}\\
&\equiv \exists x\ (p(x) \wedge \neg q(x)) &&\text{[ド モルガンの法則と，二重否定除去]}
\end{aligned}
$$

　上の例題のように「エグジスト x」や「オール x」が現れる文脈では，x に代入してよいのはどんな種類のものなのか，あらかじめ決まっていることが多いです．集合 E を x の変域として「E のすべての要素 x に対して条件 $p(x)$ が成り立つ」と言いたいとき，この主張を真面目に書くと

$$
\forall x\ (x \in E \to p(x)) \tag{9.3.2}
$$

となります．ふつう (9.3.2) を略して以下のように書きます．

$$
\forall x \in E\ p(x) \tag{9.3.3}
$$

井伊江のん◎式 (9.3.3) はどう読むのですか．

　英語ならたとえば「For all x in E, we have $p(x)$」です．日本語まじりなら，たとえば「オール x イン E に対して $p(x)$ が成り立つ」です．最初に言ったとおり「E のすべての要素 x に対して条件 $p(x)$ が成り立つ」とすれば，もっ

と日本語らしくなります.

井伊江のん ◎任意ではなくて, 存在の方はどうなりますか.

　集合 E を x の変域として「E のある要素 x に対して条件 $p(x)$ が成り立つ」と言いたいとき, この主張を真面目に書くと

$$\exists x \ (x \in E \wedge p(x)) \tag{9.3.4}$$

となります. ふつう (9.3.4) を略して以下のように書きます.

$$\exists x \in E \ p(x) \tag{9.3.5}$$

井伊江のん ◎式 (9.3.5) はどう読むのですか.

　英語ならたとえば「There exists x in E such that we have $p(x)$」です. 日本語まじりなら, たとえば「エグジスト x イン E, $p(x)$」です. もう少し日本語らしくすると「ある x イン E に対して $p(x)$ が成り立つ」もっと日本語らしくしたいなら, 結局最初に言ったとおり「E のある要素 x に対して条件 $p(x)$ が成り立つ」です. さて, 例題 9.2.1 と例題 9.2.2 の類題をやってみましょう.

例題 9.3.2　述語 $p(x)$ に対して, $\neg \forall x \in E \ p(x) \equiv \exists x \in E \ \neg p(x)$ となることを, 第 8 章で学んだ規則に従って説明しなさい.
　解

$$
\begin{aligned}
\neg \forall x \in E \ p(x) \ &\equiv \ \neg \forall x \ (x \in E \rightarrow p(x)) && \text{[$\forall x \in E$ の定義, (9.3.2)]} \\
&\equiv \ \exists x \ (x \in E \wedge \neg p(x)) && \text{[例題 9.3.1 の解と同様]} \\
&\equiv \ \exists x \in E \ \neg p(x) && \text{[$\exists x \in E$ の定義, (9.3.4)]}
\end{aligned}
$$

例題 9.3.3　述語 $p(x)$ に対して, $\neg \exists x \in E \ p(x) \equiv \forall x \in E \ \neg p(x)$ となることを, 第 8 章で学んだ規則に従って説明しなさい.
　解　例題 9.3.2 により $\neg \forall x \in E \ \neg p(x) \equiv \exists x \in E \ \neg \neg p(x)$. 両辺の否定をとって $\neg \neg \forall x \in E \ \neg p(x) \equiv \neg \exists x \in E \ \neg \neg p(x)$. 両辺から二重否定を消すと $\forall x \in E \ \neg p(x) \equiv \neg \exists x \in E \ p(x)$.

　さて，x の変域が E であるとき，$\forall x \in E \; (p(x) \to q(x))$ のことを $p \Longrightarrow q$ で表すこともあります．例題 9.3.2 で見たとおり，「否定をオールの内側に送るとオールがエグジストに化ける」という法則は，オールとエグジストに「イン E」が付いていても成り立ちます．また，例題 9.3.3 で見たとおり，「否定をエグジストの内側に送るとエグジストがオールに化ける」という法則も，エグジストとオールに「イン E」が付いている場合に成り立ちます．したがってオールとエグジストに「イン E」が付いていても，例題 9.3.1 の解と同様の議論ができます．つまり $\forall x \in E \; (p(x) \to q(x))$ のことを $p \Longrightarrow q$ で表す場合にも，やはり以下が成り立ちます．

$$\neg(p \Longrightarrow q) \equiv \exists x \in E \; (p(x) \wedge \neg q(x))$$

井伊江のん◎ちょっと待ってください．これを見てください．「「否定命題を作れ」の解法を教えてください」の回のノートです．

> 証明抜きに結論を言うと，「$p \Longrightarrow q$」の否定は，反例の存在と同値です．つまり以下の通りです．
> **ならばの否定（1）**
> 　$\neg(p \Longrightarrow q)$ は，$\exists x \in E \; (p(x) \wedge \neg q(x))$ と同値である．

井伊江のん◎あのときの話に説明が付いたんですね．あきらめずに続けてよかった！

　対偶の話で今回を締めくくりましょう．「対偶はもとの命題と真偽が一致する」という主張は，約束として天下り式に認める流儀も多いです．本章で学んだことを用いると，この主張に説明を与えることができます．

　例題 9.3.4　$p \to q \equiv \neg q \to \neg p$ となることを，第 8 章で学んだ規則に従って説明しなさい．
　解 1　(9.1.1) と交換法則を用いると，$\neg q \to \neg p \equiv \neg\neg q \vee \neg p \equiv \neg p \vee \neg\neg q$ である．ここで $\neg\neg q \equiv q$ だから（最後の式）$\equiv \neg p \vee q \equiv p \to q$.
　解 2　$p \to q$ を仮定として用いてよい場合，p と $\neg q$ から矛盾が出る．よっ

て否定の導入により ¬p が導かれ，ここで仮定 p が解消される．つまり ¬q から ¬p が出たことになるので，ならば入れにより ¬q → ¬p が出る．

一方，¬q → ¬p を仮定として用いてよい場合，p と ¬q から矛盾が出る．よって背理法により q が導かれ，ここで仮定 ¬q が解消される．つまり p から q が出たことになるので，ならば入れにより p → q が出る．

例題 9.3.5 $p \Longrightarrow q \equiv \neg q \Longrightarrow \neg p$ となることを，第 8 章で学んだ規則に従って説明しなさい．

解

$$
\begin{aligned}
p \Longrightarrow q &\equiv \forall x\ (p(x) \to q(x)) && [\Longrightarrow \text{の定義}] \\
&\equiv \forall x\ (\neg q(x) \to \neg p(x)) && [\text{例題 9.3.4 による}] \\
&\equiv \neg q \Longrightarrow \neg p && [\Longrightarrow \text{の定義}]
\end{aligned}
$$

★**次回予告**…読解力向上編が始まります．ときにお行儀の悪い表現も含む，現実の数学書を読解する力を養いましょう．まずは今回お預けにした「ならばについての説明その 2：書く人にやさしい説明」を紹介します．

読解力向上編

―――――――― 第 **10** 章 ――――――――

くだけた書き方に
対する免疫

10.1　読解力向上編の心構え

　英語でも日本語でも，ネイティブスピーカーは文法の参考書通りには話しません．ネイティブスピーカーは「面倒くさい」や「この方が面白い」といった動機により，省略表現やスラング（俗語）を発達させます．また，決まり文句の中には字面と意味がずれているものもあります．たとえば「最近，調子はどう？」は字面通りに見れば近況についての質問ですが，意味としては雑談を始める勧誘であることが多いです．

　同様に，数学者は自然演繹に忠実に証明を書くわけではありません．昔の数学者が使っていた言葉づかいの中には，字面通りに受け取ると怪しげなものがあります．たとえば「ものの集まり」，「x に対して y を対応させる決まり」，「1 から無限大までの何々の和」などです．現代の数学者は正式な定義をバージョンアップした後も，昔の数学者の言葉づかいを決まり文句として使い続けていることがあります．

　読解力向上編の前半では，実際の数学書でしばしば出会うくだけた書き方に慣れていきます．後半では集合と写像についてのボキャブラリを身につけ，練習問題に取り組みます．

10.2　ならばのスラング（俗語）

　前回の復習から始めます．高校数学に出てくる $p \Longrightarrow q$ という命題について，大人向けの説明にはいくつかのやり方があります．前回は次のような説明を紹介しました．

その 1：読む人にやさしい説明　$p \Longrightarrow q$ とは $\forall x \ (p(x) \to q(x))$ のことである．式 (9.1.1) により，これは $\forall x \ (\neg p(x) \lor q(x))$ と同じことになる．

$$p \Longrightarrow q \ \equiv \ \forall x \ (p(x) \to q(x)) \qquad [\Longrightarrow \text{の定義}]$$
$$\equiv \ \forall x \ (\neg p(x) \lor q(x)) \qquad [(9.1.1) \text{による}]$$

　そのとき言いかけてやめた，もう一つの説明をいよいよ紹介します．

その 2：書く人にやさしい説明　前回まで我々が $\to$ で表しているものを $\Longrightarrow$ と書く．正確には $\forall x \ (p(x) \Longrightarrow q(x))$ と書くべきところでも，省略形として $p \Longrightarrow q$ と書くことが多い．「オール x が付いていないのと，付いているけれど省略しているのとどうやって見分けるのですか」と聞かれた場合，面倒くさいのできちんと答えない．「$p \Longrightarrow q$ と $\forall x \ (p(x) \Longrightarrow q(x))$ を同一視する」という，少し嘘の入った説明で煙に巻く．さらに「p が成り立つ．ところで $p \Longrightarrow q$ と $q \Longrightarrow r$ と $r \Longrightarrow s$ が成り立つ．したがって s が成り立つ」と書きたいとき，面倒なので単に「$p \Longrightarrow q \Longrightarrow r \Longrightarrow s$」と書くこともある．「習うより慣れよ」と言って，質問しにくい雰囲気を作る．

宇奈月うい郎◎読む人にやさしいとか，書く人にやさしいってどういう意味でしょうか．

　その 1 のやり方では，書く人がいちいち「いま自分の頭の中に浮かんだ「p ならば q」はオール x が付いていない方なのか，付いているけれど省略している方なのか」と判断する必要があります．書き手がこうやって努力してくれるおかげで，読む人は悩まずにすみます．

宇奈月うい郎◎なるほど．そういう意味で読む人にやさしいんですね．書く人にやさしい方はどうでしょうか．

　その 2 のやり方では，書く人は自分の頭の中に「p ならば q」という言葉が浮かんだら，$p \Longrightarrow q$ と書いておけばよいのです．書き手は悩む必要がありません．その代わり，読み手が判断する必要があります．

宇奈月うい郎◎読む人にやさしいやり方と書く人にやさしいやり方，どちらがよいのですか．
井伊江のん◎ハイ！

　井伊江さんから挙手がありましたね．ではご発言どうぞ．

井伊江のん◎♪大きな栗の木の下で…．
宇奈月うい郎◎なんだよ急に，大丈夫か．合わない薬でものんだ？
井伊江のん◎たとえるとこういうことだと思うんです．その 1 は♪ドードレミミソ，ミミレレドーって先生が小学生の前で歌ってあげて，じゃあ鍵盤ハーモニカで演奏してごらん（にっこり），って言ってあげるようなもの．一方その 2 は，♪タンタタタタタ，タタタタターって先生が小学生の前で歌って，じゃあハーモニカで吹いてごらん（ニヤリ），って言い放つようなものです．そう言われると，音楽が苦手な子は涙ぐんでしまうんです．
宇奈月うい郎◎じゃあ，井伊江さんの意見だとその 1 がいい，と．
井伊江のん◎それがむずかしいところなんですよ．さっきのたとえ話の中で，校長先生が♪ドードレミミソ，ミミレレドーで教えなさい，って指示したとしますよね．そうすると，いわゆる絶対音感のない先生はつらいんです．話をもとに戻すと，その 1 は書き手にセンスが要求されて，その 2 は読み手に要求されるのです．したがって，一概にどちらがよいとは言えません．
宇奈月うい郎◎ほほう，さすが数学科だね．よくわかってるなあ．
井伊江のん◎うーん…ちょっと考えさせて．
宇奈月うい郎◎どうしたの．
井伊江のん◎うーん….
宇奈月うい郎◎俺，なにかまずいこと言ったかなあ．

井伊江のん◎私はよくわかっているのか，改めて考えてみた．結論から言うと，実はよくわかってない．そもそも論として，オール x が付いていないのと，付いているけれど省略しているのと何が違うのかわかんない．

宇奈月うい郎◎数学科の人からその発言が出るなんて意外だなあ．表計算で「ならば」を調べたとき $A2=<$B2 という形の数式を使ったよね．$\forall x$ が付いていない「$p(x)$ ならば $q(x)$」は，四捨五入して言えば不等式 $p(x) \leq q(x)$ みたいなものだろう．第 x 四半期に店 p の売り上げは店 q のよりも以下である，という文は x の値を決めなければただの条件．一方，昨年はすべての四半期で店 p の売り上げは店 q のよりも以下だった，という文は，会計書類を点検すれば真か偽かわかる現実の話．全然違うじゃないか．

井伊江のん◎ごめん，ますますわからなくなった．

　ご議論が盛り上がっているようですね．なにか助けられることがありますか．

井伊江のん◎オール x が付いていないのと，付いているけれど省略しているのと何が違うんでしょうか．

　はい．では $\forall x$ が付いている方，つまり $\forall x(\neg p(x) \vee q(x))$ から見ましょう．この x に何かを代入することはできません．この x は，定積分 $\int_a^b f(t)g(t)\,dt$ の t と似たもので，**束縛変数**と呼ばれます．次に，$\forall x$ が付いていない $\neg p(x) \vee q(x)$ を見ます．上で述べた積分のたとえでいうと，被積分関数 $f(t)g(t)$ だけとりだしたようなものです．

宇奈月うい郎◎ヒセキブンカンスウ？

　積分される関数という意味です．さて，このとき x はふつうの変数，つまり何かを代入できる変数になります．さらに $p(x)$ のブール値や $q(x)$ のブール値も変数だとみなせます．$\neg p(x) \vee q(x)$ のブール値は，$p(x)$ のブール値と $q(x)$ のブール値の関数です．それがどんな関数なのかは，いわゆる「ならばの真理値表」で与えられます．ここの部分は，上の積分のたとえでいうと，被積分関数 $f(t) \times g(t)$ の中で使われているかけ算 $\times$ の説明に相当します．

井伊江のん◎ $p \Longrightarrow q$ は定積分みたいなもので，ただし値は数ではなくブール値，そして $\rightarrow$ は被積分関数の中の演算みたいなものですか．完全にスッキリ，とはいかないものの，少し霧が晴れてきました．

宇奈月うい郎◎（小声で）かえって霧が立ちこめてきたよ．何に現実味を感じるのか，人によってこうも違うものなのか．

10.3 こっそり現れるオールとエグジスト

◆こっそり現れるオールの続き

　書き手の頭の中にこっそりオールが現れている場合について紹介しました．今からお話しするのも，やはりオールの省略の一種です．実数の範囲で物事を考えているとしましょう．たとえば

$$(a+b)^2 = a^2 + 2ab + b^2$$

という式は，文字 a, b にどんな実数を代入しても成り立ちます．このような式を**恒等式**といいました．

$$a, b \text{ が実数} \Longrightarrow (a+b)^2 = a^2 + 2ab + b^2$$

といいたいとき，

$$(a+b)^2 = a^2 + 2ab + b^2 \text{ は恒等式である}$$

というのです．任意記号を使ってていねいに書き直すと

$$\forall a \, \forall b \, [a, b \text{ が実数} \rightarrow (a+b)^2 = a^2 + 2ab + b^2]$$

ということです．実数全体の集合を $\mathbb{R}$ で表すと次のようにも書けます．

$$\forall a \in \mathbb{R} \, \forall b \in \mathbb{R} \, (a+b)^2 = a^2 + 2ab + b^2$$

　こういう場合は少し省略して以下のように書くこともあります．

$$\forall a, b \in \mathbb{R} \, (a+b)^2 = a^2 + 2ab + b^2$$

　同様に，

$$\forall a, b \in \mathbb{R} \ (a+b)^2 - a^2 - 2ab - b^2 = 0$$

といいたいとき

$$(a+b)^2 - a^2 - 2ab - b^2 \ \text{は恒等的に } 0 \ \text{である}$$

というのです．一般に「何々が恒等式である」や「何々が恒等的に 0 である」という表現をくそまじめな言い方に書き直せばオールが現れます．

こっそりかどうかは微妙ですが，数学的帰納法にもオールが現れています．

数学的帰納法（「序」より再掲）

(I) $p(1)$ が成り立つ．

(II) 命題 $p(k) \Longrightarrow p(k+1)$ が成り立つ．

以上二つの主張を示せば，すべての自然数 n について $p(n)$ が成り立つと示したことになる．

これは自然演繹の規則ではなく，自然数についての規則です．これを「なんとかの導入規則」と似たスタイルで書くと，こうなります．$\mathbb{N}$ は自然数全体の集合です．自然数を 0 から始める流儀では，$p(1)$ を $p(0)$ で置き換えてください．

数学的帰納法

$$\frac{p(1) \qquad \forall k \in \mathbb{N} \ (p(k) \to p(k+1))}{\forall n \in \mathbb{N} \ p(n)} \quad \text{数学的帰納法}$$

「1 以上 100 以下のすべての自然数 n に対して $p(n)$ が成り立つことを示せ」という問題なら，表計算ソフトで 100 行分の計算をすれば解決することも多いです．しかし「すべての自然数 n に対して成り立つことを示せ」の場合

は，そうはいきません．機械で解決できないからといってあきらめるのではな
く，任意の導入規則や数学的帰納法，その他のさまざまな数学の約束事を使っ
て，我々は考えを進めていくのです．

宇奈月うい郎◎機械で解決できない問題にアプローチする妥協案として数学
や論理学の約束事があると考えると，数学や論理学が人間くさく感じられて，
親しみを感じます．
井伊江のん◎そんな世俗的な考え方，したことなかった．

◆こっそり現れるエグジスト
宇奈月うい郎◎エグジストについて，似たような話はありますか．

　はい，エグジストもこっそり現れることがあります．

$$\exists x \in \mathbb{R} \; ax^2 + bx + c = 0 \tag{10.3.1}$$

といいたいとき

$$方程式 \; ax^2 + bx + c = 0 \; は実数解をもつ \tag{10.3.2}$$

というのです．一般に「何々が実数解をもつ」という表現をくそまじめな言い
方に書き直せばエグジストが現れます．

　少し脱線しますが，2 次方程式の判別式は論理学の視点からみてすばらしい
です．一般に，オールやエグジストが出てくると話が難しくなりがちです．と
ころでご存知の通り，(10.3.1) が成り立つことと $b^2 - 4ac \geq 0$ は同値なのでし
た．いま述べたのは少しおおざっぱな話です．もっと誠実にいうと，(10.3.1)
が成り立つことは以下と同値です．

$$(a \neq 0 \wedge b^2 - 4ac \geq 0) \vee (a = 0 \wedge (b \neq 0 \vee c = 0)) \tag{10.3.3}$$

　主張 (10.3.2) は，単に (10.3.1) の言い方を変えただけです．つまり (10.3.2)
の中には，こっそりエグジストが隠れています．主張 (10.3.3) のすばらしい
ところは，本当にエグジストが消えていることです．

　任意記号（オール）と存在記号（エグジスト）を合わせて quantifier（クオ

ンティファイア）といいます．日本語訳にはぶれがあって，**量化記号**，**量化詞**，**量化子**，**限量詞**，**限量子**などといわれます．量化記号を含む主張を，量化記号を本当に含まない主張に同値変形することを quantifier elimination（クオンティファイア・エリミネーション）といいます．これも日本語訳にはぶれがあって，量化記号消去，限量子除去などといわれます．たかが判別式，と思うかもしれませんが，これは量化記号消去の一つの例になっているのです．

10.4 人それぞれにとっての足し算

集合の話に入りたいのですが，ものすごく長い前振りにおつきあいいただければと思います．唐突ですが，あなたにとって足し算とは何ですか．人の数だけ答があるかもしれません．$82 + 39$ を例にとって，数学者ではない人からどんな答が返ってくるか，想像してみます．あなたにとって，$82 + 39$ を求めるとは？

想定される回答 1　スマホの AI アプリに「$82 + 39$ は？」と尋ねて「121」という回答をもらうことが $82 + 39$ を求めることである．

回答 2　電卓のキーを「$8, 2, +, 3, 9, =$」と押して 121 という表示を得ることが $82 + 39$ を求めることである．

回答 3　電卓の代わりに頭の中のソロバンを使う．

回答 4　筆算する．

$$
\begin{array}{r}
8\ \ 2 \\
+\ \ 3\ \ 9 \\
\hline
1\ \ 2\ \ 1
\end{array}
$$

回答 5　長いのが 10 の束，ちいさいのがバラ，つまり 1 として，以下のような図形の並べ替えを想像する．$82 + 39$ を求めるとは本来，こういう想像をすることである．ただし実際の計算は電卓や筆算に頼ってかまわない．

＿＿＿＿＿　＿＿＿＿＿　＿＿＿＿＿
＿＿＿＿＿　＿＿＿＿＿
＿＿＿＿＿　＿＿＿＿＿　＿＿＿＿＿
□□
＿＿＿＿＿　＿＿＿＿＿　＿＿＿＿＿
□□□□□□□□

バラをまとめて並べ直すとこうなる.

＿＿＿＿＿　＿＿＿＿＿　＿＿＿＿＿
＿＿＿＿＿　＿＿＿＿＿
＿＿＿＿＿　＿＿＿＿＿
＿＿＿＿＿　＿＿＿＿＿　＿＿＿＿＿
＿＿＿＿＿　＿＿＿＿＿
＿＿＿＿＿　＿＿＿＿＿　□

つまり 121.

　回答 6　一つ上の回答と同様にするが 10 の束を作らないで，全部バラでやる．数を数えながら 82 個の記号を書く．次に区切りマークのつもりで ＋ を書いて，また数を数えながら 39 個の記号を書く．終わったらもう 1 回，今度は ＋ 記号を無視して頭から数え直す.

□□□□□□□□□□□□□□□□□□□□□□□□□
□□
□□□□□□□□□□□□□□□□□□□□□□□□□
□□
□□□□□□□□□□□□□□□□□□□□□ ＋
□□□□□□□□□□□□□□□□□□□□□□□□□
□□
□□□□□□□□□□

　回答 7　数を数えながら 82 個の白い碁石を並べる．次に区切りのつもりで黒い碁石を一つ置いて，また数を数えながら 39 個の白い碁石を並べる．終わっ

たらもう 1 回，今度は黒い碁石を無視して頭から数え直す.

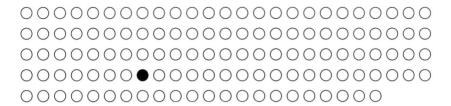

井伊江のん◎回答 6 と回答 7 の違いがわかりません. 同じですよね.

宇奈月うい郎◎回答 6 の四角形は抽象的な概念で，人によっては「何だ，これは」とつまずく. 回答 7 の石は誰が見ても石. 石を動かす手の体操はわかりやすい.

井伊江のん◎そんなのへりくつだよ. 石を動かしながら理想世界の回答 6 に思いをはせているだけでしょう，回答 7 は.

　すみません，まだ終わっていません. 続き，いきますよ.

　回答 8　バケツ 3 個と計量カップを用意する. 青いのが水がたっぷり入ったバケツ，黄色いのと白いのが空のバケツである. 数を数えながら計量カップで 82 杯，青いバケツから黄色いのへ水を移す. 次に，また数を数えながら計量カップ 39 杯分の水を黄色いバケツに移す. 終わったら今度は，数を数えながら黄色いバケツから白いバケツに水を移す. 121 杯だとわかる.

宇奈月うい郎◎だんだん，やけくそになっていませんか.

　もうしばらくおつきあい願います.

　回答 9　大きな紙と定規を用意し，紙に長い線を引く. 基準点としての目印 O から右に 82 ミリ進んだところに目印 A を付ける. 目印 A からさらに右へ 39 ミリ進んだところに目印 B を付ける. 目印 O から目印 B までの距離を測ると 121 ミリであるとわかる.

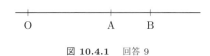

図 **10.4.1**　回答 9

井伊江のん ◎回答 8 や回答 9 を抽象的に言いかえることもできますよね.
宇奈月うい郎 ◎正直言って, もうおなかいっぱいです. これらの例に込められ
た教訓は何なのでしょうか.

　初級者向けの本では「自然数とは, モノの個数を表す数である」と説明する
ことがあります. しかし自然数は, いつでもモノの個数を表すとは限りません.
実数の一種として自然数をとらえ, 自然数にいろいろな解釈を与えることがで
きます. そして, 自然数の足し算にもいろいろな解釈を与えることができます.
解釈がいろいろあって困る, というよりもむしろ, いろいろな解釈ができるか
ら数は興味深くて便利であり, 足し算は興味深くて便利と考えてみましょう.

　★次回予告…次は「集合の解釈もいろいろ」という話です.

第11章

集合の考え方

とても長い前振りに辛抱強くおつきあいいただきありがとうございます．初級者向けの本には次のような説明が多く見受けられます．

> モノの集まりを集合という．それぞれのモノがその集まりに入るか，入らないかがはっきりしていなければならない．たとえば 1 以上 6 以下の偶数全体は集合である．一方，大きな数全体は集合ではない．それぞれの数が大きいかどうかについてはっきりした基準がないからである．

これは一種の決まり文句のような説明です．しかし集合を，いつでもモノの集まりとして思い浮かべる必要はありません．集合に対してもいろいろな解釈ができます．解釈がいろいろあって困る，というよりもむしろ，いろいろな解釈ができるから興味深くて便利なのです．例をあげて説明しましょう．

11.1　種類・考える範囲・場合の列挙

◆種類としての集合

たとえば四角形について考えているとしましょう．四角形にはいろいろな種類があります．それぞれの種類を集合と考えることがあります．たとえば正方形全体の集合，長方形全体の集合，ひし形全体の集合，平行四辺形全体の集合，台形全体の集合などです．長方形すべての集まりを思い浮かべようとして「だ

めだ，とても思い浮かべられない．銀河系を端から端まで思い浮かべようとしたときとそっくりな，不安な気持になった」と思う人がいるかもしれません．

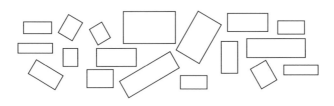

図 11.1.1　あらゆる長方形を思い浮かべようとする必要はない

　実のところ種類としての長方形を考えたいだけなのですが，決まり文句として「長方形全体の集まり」といっているのです．このような文脈では，長方形すべての集まりを思い浮かべる必要はありません．では，何を思い浮かべればよいのか．以下のような文を思い浮かべればよいのです．

- 四角形 ABCD が長方形 $\overset{\text{定義}}{\Longleftrightarrow}$ 4 つの角がすべて直角

ほかも同様です．

- 四角形 ABCD が正方形 $\overset{\text{定義}}{\Longleftrightarrow}$ 4 つの内角がすべて直角　　　　　　　　　　かつ，　4 つの辺（の長さ）が等しい
- 四角形 ABCD がひし形 $\overset{\text{定義}}{\Longleftrightarrow}$ 4 つの辺（の長さ）が等しい
- 四角形 ABCD が平行四辺形 $\overset{\text{定義}}{\Longleftrightarrow}$ 向かい合う二組の辺がそれぞれ平行
- 四角形 ABCD が台形 $\overset{\text{定義}}{\Longleftrightarrow}$ 向かい合う一組の辺が平行

　したがって，たとえば

$$\text{四角形 ABCD が正方形} \Longrightarrow \text{四角形 ABCD がひし形} \tag{11.1.1}$$

となることがただちにわかります．これを格好よく

正方形全体の集合は，ひし形全体の集合の部分集合である   (11.1.2)

と言っているだけです．たとえていうと，動詞 swim を用いた文

He swims very well.

を，名詞 swimmer を使って

He is a very good swimmer.

と言い換えられますよね．あれと同じで，集合という名詞を使って (11.1.1) を (11.1.2) に言い換えているだけの話です．一般に，抽象的な名詞を使うと，中上級者にとっては考えがスピードアップができて便利です．その反面，抽象的な名詞は初級者を混乱させることもあります．ものの種類を集合で表すのがよいかどうかはケース・バイ・ケースです．

◆変域としての集合

考える範囲を表すのに集合を用います．具体的には文字の変域を表すのに集合を用います．たとえば，さきほど恒等式と方程式の話をしたとき「$\forall x \in \mathbb{R}$」や「$\exists x \in \mathbb{R}$」が出てきました．このとき，「x に代入してよいのは実数」と考え，「x の変域は実数全体の集合 $\mathbb{R}$ である」というのでした．この文脈では，一時的に変域 $\mathbb{R}$ が我々の世界であるかのような気分でいるわけです．モノの集まりとしての変域を外から眺める気分になる必要は，必ずしもありません．たとえていうと，鳥の目で街を見下ろす気分で変域をみる必要はなく，街角に立っている通行人のように変域の中にいる気分でもいいのです．

◆ありえる場合の列挙としての集合

動きのある表現と，一枚の絵のような表現のどちらがわかりやすいかはケース・バイ・ケースです．たとえば，1 から 4 までの数字を書いた札がそれぞれ 1 枚ずつあり，この中からちょうど 2 枚選ぶ組合せを考えているとしましょう．「2 枚選ぶ」は動きのある言い方です．この例では，ありえる場合を列挙して集合で表せます．

$$\{\{1,2\},\{1,3\},\{1,4\},\{2,3\},\{2,4\},\{3,4\}\}$$

これで動きのない，一枚の絵のような表現になりました．動きのある表現で直観的に理解し，一枚の絵のような表現で理論的に理解するのがよくあるパターンです．

11.2　集合としてのグラフ

　関数の例として 2 次関数 $y = 2x^2$ を考えてみましょう．x にさまざまな値を代入すると，y はさまざまな値をとります．たとえば x に $1, 1.1, 1.2, 1, 3, 1.4$ を代入すると，y はそれぞれ $2, 2.42, 2.88, 3.38, 3.92$ になります．「x のいろいろな値に対して y の値が決まっていく」というのは動きのある表現です．一枚の絵のような表現にするにはどうしたらよいでしょうか．たとえば計算結果の表，あるいは $y = 2x^2$ のグラフを考えればよいでしょう．

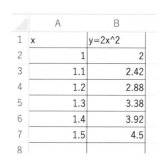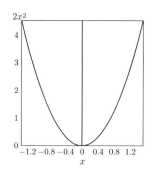

図 11.2.1　表としての関数（左），関数のグラフ（右）

　集合論では，この考え方をさらに一歩進めます．$(1, 2)$ や $(1.1, 2.42)$ や $(1.2, 2.88)$ だけでなく，なにか実数 x を用いて $(x, 2x^2)$ と表せるもの全体の集合を考えます．その集合こそが関数 $y = 2x^2$（ただし $x \in \mathbb{R}$）と考えるのです．

宇奈月うい郎 ◎図 11.2.1 左のシートを理想化したようなものを数学の世界で考えているんですね．

井伊江のん ◎順序対 (x, x^2) を xy 平面上の点だと思えば，図 11.2.1 右のグラ

フを理想化しているともいえますね.

さて, ときどき初級者向けの関数の説明として, 以下のような文をみかけ
ます.

(∗) 入力 x を一つ決めると出力 y が一つ決まるような決まりが与えられてい
　　るとき, それを関数という.

場合によっては, 次のような説明が続くこともあります.「関数をブラック
ボックスにたとえます. ブラックボックスの入り口に x の値を入れると, 出
口から y の値が出てきます.」

図 11.2.2　　ブラックボックスとしての関数

18 世紀頃まで関数の定義はあいまいで, 上の説明文 (∗) と大差ないもので
した. その後, 数学や論理学の研究が進むにつれて, あいまいな定義では都合
が悪くなり, 関数の定義が詳しくなるとともに, 細分化されたのです. 詳しく
言い出すと長くなるので要点だけ言います. 以下の三つは違う概念で, 下に行
くほど意味が広くなります.

- 表計算ソフトの関数
- 計算可能な関数
- 集合論の関数

表計算ソフトの関数は, いままでも使ってきました. 表計算ソフトの関数は
入力に対してきちんと出力を返してきます. コンピュータの内部では, 決まり
事にしたがって筆算と似たことが行われています.

　次に現実のコンピュータとは別に，理論の中で理想化したコンピュータを考えます．その理想化したコンピュータの関数が計算可能関数です．入力と出力がともに自然数である場合と，入力と出力がともに実数である場合に分けて，計算可能な関数が定義されています．きちんとした定義を述べると少々長くなるので，ここではおおざっぱな説明だけにします．計算可能な関数は，必ずしも現実のコンピュータの関数として実現できている必要はありません．しかし，理論的には理想化したコンピュータの内部で決まり事にしたがって筆算と似たことを行い，出力を得ることができます．計算可能関数のうち，簡単でなおかつ生活の役に立つものの一部が，表計算ソフトの関数になっています．

　関数という言葉の意味を広めに解釈したのが集合論の関数です．もはや，「決まり事にしたがって筆算と似たことを行い，出力を得る」というしばりもはずします．

井伊江のん ◎では計算方法がわからなくてもかまわないんですか．

　その通りです．いま A と B は集合とします．集合 f が以下三つの条件をみたすとき，「f は A から B への**関数**（function, 函数とも表記）である」，あるいは「f は A から B への**写像**（mapping）である」といいます．

1. f は直積 $A \times B$ の部分集合である．
　（言い換え「f の要素はみな，A のある要素 a と B のある要素 b の順序対 (a,b) である．」）
2. どんな $a \in A$ に対しても，ある $b \in B$ があって $(a,b) \in f$.
　（意訳「A の要素に対して，パートナーとなる B の要素は必ずいる．」）
3. どんな $a \in A$ と，どんな $b, b' \in B$ に対しても以下が成り立つ

$$(a,b) \in f \wedge (a,b') \in f \implies b = b'$$

　（意訳「一見，パートナーが二人いるように見える場合は同一人物．つまり A の要素は浮気しない．」）

　たとえば，初級者向けの三角関数の定義の一つにこういうのがあります．「平

面上で原点中心半径 1 の円を考える. この円上の角度 θ の点の x 座標を $\cos\theta$,
y 座標を $\sin\theta$ という」この段階では, コサインやサインの近似値を筆算で求
める方法は何も言っていません. しかしたしかに θ を決めれば値が一通りに決
まります. つまりコサインもサインも集合論の関数であることはたしかです.
もっとも, 少し詳しく考察するとコサインやサインの近似値をいくらでも詳
しく求める方法がわかります. 結果的にコサインやサインは計算可能関数であ
り, 表計算ソフトの関数にもなっています.

	A	B	C
1	theta	cos (theta)	sin (theta)
2	0.000000	1.000000	0.000000
3	0.523599	0.866025	0.500000
4	1.047198	0.500000	0.866025
5	1.570796	0.000000	1.000000
6	2.094395	-0.500000	0.866025
7	2.617994	-0.866025	0.500000
8	3.141593	-1.000000	0.000000

図 **11.2.3** 表計算ソフトによるコサイン, サインの近似値

　計算可能な関数は集合論の関数の特殊な場合です. 数学書で「関数」とよば
れているものは, ほとんどの場合, 集合論の関数の一種です. なお, 集合論で
は関数と写像を同じ意味に使いますが, 数学の分野によっては, 値が数あるい
はそれに準じたものである場合は関数, そうでない場合は写像, と言葉を使い
分けます.

11.3　集合としての関係

　再び A と B は集合とします. さきほど, 集合 f が A から B への関数であ
るための条件を示しました. いま集合 R が, 最初の条件

　1. R は直積 $A \times B$ の部分集合である.

をみたしているとしましょう. 残り二つの条件はみたすかもしれないし, みたさないかもしれません. このとき「R は A から B への**関係**（relation）である」といいます.

一見, 難しそうに見えるかもしれませんが, 高校数学でいう「条件」を集合としてとらえ直したものがここでいう関係です. とくに $A = B$ のとき,「R は A 上の **2 項関係である**」といいます.

例 11.3.1 平面上の三角形全体を $\mathcal{T}$ とする.

(1) 二つの三角形が相似であるという関係は $\mathcal{T}$ 上の 2 項関係である.
(2) 二つの三角形が合同であるという関係も $\mathcal{T}$ 上の 2 項関係である.

例 11.3.1 を読むときも, 無理に $\mathcal{T}$ を集まりとして思い浮かべる必要はありません. むしろ一時的に $\mathcal{T}$ という世界の住人になった気分でいればよいのです.

例 11.3.2 整数全体を $\mathbb{Z}$ で表す. 二つの整数 m, n に対して, $m - n$ が 3 の倍数であるという関係は $\mathbb{Z}$ 上の 2 項関係である.

例 11.3.3 負でない整数全体を $\mathbb{N}$ で表す. 二つの負でない整数 m, n に対して, $\exists k \in \mathbb{N} \; mk = n$ という関係（m が n の約数であるということ）は $\mathbb{N}$ 上の 2 項関係である.

例 11.3.4 集合 $\{1, 2\}$ の部分集合全体を A で表す. すなわち, $A = \{\emptyset, \{1\}, \{2\}, \{1, 2\}\}$ である.

(1) A の二つの要素 X, Y に対して, X が Y の部分集合であるという関係は A 上の 2 項関係である.
(2) A の二つの要素 X, Y に対して, $X \cap Y$ が空でないという関係は A 上の 2 項関係である.

11.4 構造としての集合

　構造という考え方は数学の中でひんぱんに使われます．表計算ソフトにたとえるところから始めます．表計算ソフトは単なるセルやシートの集まりではありません．

(1) セルやシートの集まり
(2) セルやシートの間の関係
(3) さまざまな定数や関数

これらがひとまとまりになったものです．

$$\text{表計算ソフト} = \text{セルやシート} + \text{関係} + \text{定数と関数}$$

宇奈月うい郎◎セルやシートどうしの関係とは何を指しているのですか．

　たとえばこのセルはこのセルの真下にある，あるいはまた，このセルはこのシートに属しているという関係です．おおざっぱにいうと，このように

(1) モノの集まり
(2) 関係
(3) 定数と関数

がひとまとまりになったものが構造です．たとえば，有理数全体の集合 $\mathbb{Q}$ を考えてみましょう．多くの場合，我々は有理数全体を単なる集合として考えてはいません．関係としてイコール（=）や大小関係（<）を暗に考えています．0 と 1 は特別な役割を果たす定数です．さらに足し算（+），引き算（−），かけ算（·），さらに 0 以外の数による割り算（/）も暗に考えています．これら四則計算は**演算**（operation）とよばれることが多いですが，関数の一種です．つまり有理数全体を単なる集合 $\mathbb{Q}$ ではなく，以下の一連のものからなるかたまりとみているのです．

1. 土台となる集合 $\mathbb{Q}$
2. 関係 $=, <$
3. 定数 $0, 1$, 演算 $+, -, \cdot, /$　　　（割り算 a/b の b は 0 以外）

宇奈月うい郎 ◎このようなものの見方のメリットはどんなものでしょうか.

　土台となる集合が同じでも，上に載せる関係や定数，関数を取り替えることでいろいろな構造を描写できます．たとえば例 11.3.4 の (1) では次のような構造を考えています.

1. 土台となる集合 $A = \{\emptyset, \{1\}, \{2\}, \{1, 2\}\}$
2. 関係「X が Y の部分集合であるという関係」
3. 定数と関数はとくに考えない.

また，たとえば例 11.3.4 の (2) では次のような構造を考えています.

1. 土台となる集合 $A = \{\emptyset, \{1\}, \{2\}, \{1, 2\}\}$
2. 関係「$X \cap Y$ が空でないという関係」
3. 定数と関数はとくに考えない.

　★**次回予告**…次回は集合論の関数と関係についてもう少し詳しくみていきます.

─── 第 **12** 章 ───

集合と写像のボキャブラリ
前編

　集合と写像に関する主な用語を学びます．後日，詳しく学ぶ機会があればその準備となります．

12.1　写像

◆写像の基本用語

　いま A と B が集合とします．集合 f が以下三つの条件をみたすとき，「f は A から B への関数である」，あるいは「f は A から B への写像である」というのでした（11.2 節）．記号では $f : A \to B$ と表します．

1. f は直積 $A \times B$ の部分集合である．
2. どんな $a \in A$ に対しても，ある $b \in B$ があって $(a, b) \in f$.
3. どんな $a \in A$ と，どんな $b, b' \in B$ に対しても以下が成り立つ．

$$(a, b) \in f \land (a, b') \in f \implies b = b'$$

　f が A から B への写像であって $(a, b) \in f$ のとき，b を $f(a)$ で表します．A を f の**定義域**（ドメイン）といいます．また，B の部分集合 $\{f(x) \mid x \in A\}$ を f の**値域**（レンジ）といいます．

井伊江のん ◎線形代数の本を読んでいて，線形写像 f の像という言葉に出会いました．像というのは今の話の値域と同じですか．

A の部分集合 C が与えられたとき，B の部分集合 $\{f(x) \,|\, x \in C\}$（くそまじめに書けば $\{y \,|\, \exists x \in C \;\; y = f(x)\}$）を f による C の**像**といいます．とくに $C = A$ の場合，これはさきほど述べた値域になります．値域のことを単に f の像と言うことがあります．とくに線形代数ではそう言います．f による C の像は，一つの点 x を f で写したものではなく，点の集合を写したものです．そこを強調して，集合論の専門書ではふつうと少し違う括弧を用いて f による C の像を $f[C]$ と書くことがあります．集合論の専門書以外の数学書ではおおらかに，ふつうの括弧を用いて $f(C)$ と書くことが多いです．

ついでながら，B の部分集合 D が与えられたとき，A の部分集合 $\{x \in A \,|\, f(x) \in D\}$（くそまじめに書けば $\{x \,|\, x \in A \land f(x) \in D\}$）を f による D の**逆像**といいます．これを集合論の専門書では $f^{-1}[D]$ と書くことがありますが，それ以外の数学書では $f^{-1}(D)$ と書くことが多いです．

像と逆像を難しいと思う人は，以下のたとえ話で考えるとよいでしょう．A は生徒の集合，B は教師の集合とします．C は A の部分集合で，D は B の部分集合です．各生徒 x が一通，教師の誰かに手紙を書き，その宛先が $f(x)$ とします．すると C のメンバーの少なくとも一人から手紙を受け取った人全員の集まりが，f による C の像 $f(C)$ です．また，D のメンバー宛てに手紙を書いた人全員の集まりが，f による D の逆像 $f^{-1}(D)$ です．このたとえでは，像は宛先の集合，逆像は差出人の集合です．

◆合成写像

$f : X \to Y$ かつ $g : Y \to Z$ のとき，各 $x \in X$ に対して $g(f(x))$ を対応させる写像を $g \circ f$ で表し，f と g の**合成写像**といいます．つまり $g \circ f : X \to Z$ であり，各 $x \in X$ に対して以下のようになります．

$$(g \circ f)(x) = g(f(x)) \tag{12.1.1}$$

いわば，二つのブラックボックスを連結して一つのブラックボックスとみなしたようなものです（図 12.1.1）．$g \circ f$ という表記の順番になれてください．

さらに $h : Z \to W$ のとき，合成写像 $h \circ (g \circ f) : X \to W$ と合成写像 $(h \circ g) \circ f : X \to W$ を考えることができます．少し頑張ると，任意の $x \in X$ に対

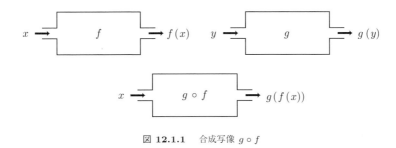

図 **12.1.1**　合成写像 $g \circ f$

して $(h \circ (g \circ f)(x)) = h(g(f(x))) = ((h \circ g) \circ f)(x)$ であることがわかります．h，$h \circ (g \circ f)$，および $(h \circ g) \circ f$ に対して図 12.1.1 のような図を書いてみれば，感覚的に納得できるでしょう．ふつう，$h \circ (g \circ f)$ も $(h \circ g) \circ f$ も $h \circ g \circ f$ で表します．

◆**単射**

さて，f が A から B への写像であって，さらにすべての $x_1, x_2 \in A$ に対して

$$x_1 \neq x_2 \Longrightarrow f(x_1) \neq f(x_2) \tag{12.1.2}$$

が成り立つとき，f は A から B への**単射**であるといいます．ひと言で言えば，異なる入力に対しては出力も異なるのが単射です．(12.1.2) の対偶をとると以下のようになります．

$$f(x_1) = f(x_2) \Longrightarrow x_1 = x_2 \tag{12.1.3}$$

例 12.1.1　$A = B = \mathbb{R}$，つまり実数全体で，f が単調増加

$$x_1 < x_2 \Longrightarrow f(x_1) < f(x_2) \tag{12.1.4}$$

であれば，f は $\mathbb{R}$ から $\mathbb{R}$ への単射である．たとえば関数 $y = 2x$ は $\mathbb{R}$ から $\mathbb{R}$ への単射である．

一方，関数 $y = x^2$ はどうでしょうか．たとえば $x_1 = -1$, $x_2 = 1$ とすると，

$x_1 \neq x_2$ かつ $x_1^2 = x_2^2$ なので (12.1.2)（において $f(x)$ を x^2 で置き換えた条件）が成り立ちません. よって $y = x^2$ は $\mathbb{R}$ から $\mathbb{R}$ への単射ではありません.

◆全射

また, f が A から B への写像であって, さらにすべての $y \in B$ に対して

$$\exists x \in A \; f(x) = y \tag{12.1.5}$$

が成り立つとき, f は A から B への**全射**であるといいます. たとえば関数 $y = 2x$ は $\mathbb{R}$ から $\mathbb{R}$ への全射です. どんな実数 y に対しても, $x = y/2$ とおけば $y = 2x$ が成り立つからです. 一方, たとえば $y = -1$ に対して $x^2 = y$ となる実数 x はありません. よって (12.1.5)（において $f(x)$ を x^2 で置き換えた条件）が成り立ちません. したがって $y = x^2$ は $\mathbb{R}$ から $\mathbb{R}$ への全射ではありません.

全射であるかどうかは集合 B として何を考えているかにもよります. $y = x^2$ は $\mathbb{R}$ から負でない実数全体への全射です. なぜなら, 負でない実数 y に対して $x = \sqrt{y}$ とおけば $x^2 = y$ となるからです.

◆全単射

f が A から B への全射であり, なおかつ A から B への単射でもあるとき, f は A から B への**全単射**であるといいます.

例 12.1.2　いま a, b, c, d は実数とする. 座標平面 $\mathbb{R}^2$（高校数学でいう xy 平面）上の点 (x_1, y_1) を, 以下の規則に従って点 (x_2, y_2) に写す写像を f で表そう.

$$\begin{cases} x_2 = ax_1 + by_1 \\ y_2 = cx_1 + dy_1 \end{cases} \tag{12.1.6}$$

このとき, f が $\mathbb{R}^2$ から $\mathbb{R}^2$ への全単射であるための必要十分条件は, $ad - bc \neq 0$ である.

井伊江のん ◎この例は線形代数の本で読みました．$ad - bc$ が行列式ですね．

　ほぼ中学数学の範囲で例 12.1.2 を説明するとどうなりますか．

井伊江のん ◎場合 1 としてまず $ad - bc = 0$ の場合を考えます．場合 1 でさらに $b = d = 0$ のとき $f\left(\begin{pmatrix} 1 \\ 0 \end{pmatrix}\right) = \begin{pmatrix} a \\ c \end{pmatrix} = f\left(\begin{pmatrix} 1 \\ 1 \end{pmatrix}\right)$ となるので f は単射ではありません．よって f は全単射ではありません．場合 1 で b, d の少なくとも一方が 0 でないときを考えます．$b \neq 0$ のときをみます．(12.1.6) の第 1 式の両辺に d，第 2 式の両辺に b をかけると

$$\begin{cases} dx_2 = adx_1 + bdy_1 \\ by_2 = bcx_1 + bdy_1 \end{cases} \tag{12.1.7}$$

左辺どうし，右辺どうしで引くと

$$dx_2 - by_2 = 0 \tag{12.1.8}$$

これは直線です．すると f による $\mathbb{R}^2$ の像，つまり f で写した点全体はこの直線に含まれるので，f は $\mathbb{R}^2$ から $\mathbb{R}^2$ への全射ではありません．したがって f は $\mathbb{R}^2$ から $\mathbb{R}^2$ への全単射ではありません．$d \neq 0$ の場合も同様です．

　次に場合 2 として $ad - bc \neq 0$ の場合を考えます．このとき少し計算すると，(12.1.6) を $\begin{pmatrix} x_1 \\ y_1 \end{pmatrix}$ について解くことができます．こうなります．ここで $ad - bc$ を Δ で表しています．

$$\begin{cases} x_1 = (d/\Delta)x_2 - (b/\Delta)y_2 \\ y_1 = -(c/\Delta)x_2 + (a/\Delta)y_2 \end{cases} \tag{12.1.9}$$

(12.1.9) を用いて少し調べると，f が $\mathbb{R}^2$ から $\mathbb{R}^2$ への全射であることと，単射であることを確かめられます．以上により，例 12.1.2 が成り立ちます．

宇奈月うい郎 ◎点 O$(0,0)$, E$_1(1,0)$, E$_2(0,1)$, B$(1,1)$ を頂点とする正方形は，(12.1.6) によって点 O$(0,0)$, $f($E$_1)(a,c)$, $f($E$_2)(b,d)$, $f($B$)(a+b, c+d)$ を頂

点とする平行四辺形に写ります．この平行四辺形の面積を少し頑張って計算すると，$ad - bc$ の絶対値になります．この平行四辺形がぺたんこにつぶれる場合とつぶれない場合に分けて，図示して説明する方法もありますね．

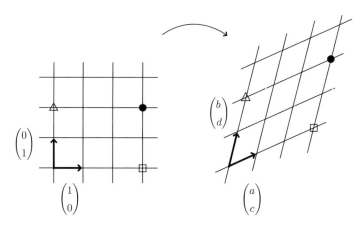

図 **12.1.2**　正方形を平行四辺形に写す

　どうもありがとうございます．論理学の観点からみて，例 12.1.2 のどこがうれしいのかというと，quantifier elimination（クオンティファイア・エリミネーション）ができているということです（10.3 節）．本来，全射や単射の定義にはこっそりオールやエグジストが用いられています．もちろん，全単射の定義にもです．ところがここでは，f が全単射であるという主張を，$ad - bc \neq 0$ という，オールもエグジストもなしの条件と同値だと示しているのです．一般の写像については，全単射であるための条件をこのように同値変形することはできません．

◆逆写像

　f が集合 A から B への全単射であるとします．このとき B の各々の要素 y に対して，$f(x) = y$ となる A の要素 x が必ずあります．なぜなら，f が A から B への全射だからです．また，このような x はただ一つです．なぜなら，もし $f(x_1)$ と $f(x_2)$ がともに y に等しいならば，$f(x_1) = f(x_2)$ となります．

すると，f が単射なので $x_1 = x_2$ となります．つまり，$f(x) = y$ となる A の要素 x が必ず存在し，しかもただ一つです．したがって y にこのような x を対応させることで，B から A への写像が一つ決まります．この写像を f の**逆写像**といい，f^{-1}（エフ・インバースと読みます）で表します．**逆関数**ということもあります．

　ついでながら，集合 A 上の何もしない写像，つまり各 $x \in A$ に x 自身を対応させる写像にも名前が付いていて，A 上の**恒等写像**といいます．記号は id_A や 1_A が使われます．f が集合 A から B への全単射であるとき，与えられた x に対して $y = f(x)$ とおくと $x = f^{-1}(y)$ なので，$(f^{-1} \circ f)(x) = f^{-1}(f(x)) = f^{-1}(y) = x$ です．つまり $f^{-1} \circ f = \mathrm{id}_A$ です．

宇奈月うい郎 ◎逆写像の逆写像は何ですか．

　もとの写像に戻ります．f が集合 A から B への全単射としましょう．少し努力すると，f^{-1} は B から A への全単射であることがわかります．よって逆写像の逆写像 $(f^{-1})^{-1}$ があります．$y = (f^{-1})^{-1}(x) \iff x = f^{-1}(y) \iff y = f(x)$ だから，$(f^{-1})^{-1} = f$ です．さきほどと同様にして $f \circ f^{-1} = \mathrm{id}_B$ であることがわかります．

井伊江のん ◎いま，式 1 $\iff$ 式 2 $\iff$ 式 3，というカジュアルな書き方が出てきましたね．
宇奈月うい郎 ◎逆写像はいつでも存在するわけじゃないですね．

　全単射でないものに対しては逆写像はありません．ところで f^{-1} は逆像と同じ記号ですが，別の概念です．全単射でない写像についても逆像を考えることはできます．

宇奈月うい郎 ◎逆写像がない場合でも逆像を考えることはできる，というのはよくわかりません．

　例で考えましょう．例 12.1.2 の写像 f を考えます．具体例その 1 として，(12.1.6) において $a = b = c = d = 1$ の場合を観察します．このとき (12.1.6) は以下で与えられます．

$$\begin{cases} x_2 = x_1 + y_1 \\ y_2 = x_1 + y_1 \end{cases} \tag{12.1.10}$$

この場合, $ad - bc = 0$ なので, f は $\mathbb{R}^2$ から $\mathbb{R}^2$ への全単射ではありません. 全単射ではないので, 逆写像はありません. 実際, この例で $\mathbb{R}^2$ の像は直線 $y_2 = x_2$ になります. さて, 単位円の逆像は何になりますか.

宇奈月うい郎◎タンイエン？

原点中心, 半径 1 の円周のことです. 単位円を点集合あるいはベクトルの集合とみたものを B とするとき, 逆像 $f^{-1}(B)$ は何でしょうか.

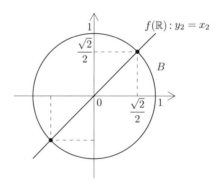

宇奈月うい郎◎ f で単位円上に写る点全体ですね. とはいっても f の像の上にしか写らないんですよね. ということは, まず f の像 $f(\mathbb{R}^2)$ と単位円 B の共通部分を考えます. それは 2 点からなる集合

$$f(\mathbb{R}^2) \cap B = \left\{ \begin{pmatrix} \sqrt{2}/2 \\ \sqrt{2}/2 \end{pmatrix}, \begin{pmatrix} -\sqrt{2}/2 \\ -\sqrt{2}/2 \end{pmatrix} \right\}$$

です. f でこの集合の中に写るもの全体は

$$f^{-1}(B) = f^{-1}\left(\left\{ \begin{pmatrix} \sqrt{2}/2 \\ \sqrt{2}/2 \end{pmatrix} \right\} \right) \cup f^{-1}\left(\left\{ \begin{pmatrix} -\sqrt{2}/2 \\ -\sqrt{2}/2 \end{pmatrix} \right\} \right)$$

となります. それは

$$\begin{cases} \sqrt{2}/2 = x_1 + y_1 \\ \sqrt{2}/2 = x_1 + y_1 \end{cases}$$

の解全体と

$$\begin{cases} -\sqrt{2}/2 = x_1 + y_1 \\ -\sqrt{2}/2 = x_1 + y_1 \end{cases}$$

の解全体です. つまり $f^{-1}(B)$ は二つの直線 $y_1 = -x_1 + \sqrt{2}/2$ と $y_1 = -x_1 - \sqrt{2}/2$ の和集合です. あ, できた.

一方, 逆写像がある場合は, 逆写像による像が逆像になります. 具体例その 2 として, (12.1.6) において $a = d = -1, b = c = 0$ の場合を観察します. このとき (12.1.6) は以下で与えられます.

$$\begin{cases} x_2 = -x_1 \\ y_2 = -y_1 \end{cases} \tag{12.1.11}$$

この場合, $ad - bc \neq 0$ なので, f は $\mathbb{R}^2$ から $\mathbb{R}^2$ への全単射です. したがって逆写像があります. 少し考えると f 自身が f の逆写像になっていること, そして, 単位円の逆像が単位円そのものになることがわかります.

12.2 同値関係と順序関係

◆同値関係

いま A が集合とします. 集合 R が $A \times A$ の部分集合であるとき,「R は A 上の 2 項関係である」というのでした (11.3 節). R が A 上の 2 項関係であるとき,「$(x, y) \in R$」と書く代わりに「$R(x, y)$」と書いたり,「xRy」と書くこともあります.

さて, 等号 ($=$) には, 以下の性質があります.

- $x = x$
- $x = y \Longrightarrow y = x$
- $x = y \wedge y = z \Longrightarrow x = z$

これとそっくりな性質をもつ関係は数学のさまざまな場所に現れます．A 上の 2 項関係 R が以下三つの性質をもつとき，R を A 上の**同値関係**といいます．1 行目は「$\forall x \in A\ xRx$」を省略して書いたものです．2, 3 行目も同様です．

- **反射律**：xRx
- **対称律**：$xRy \Longrightarrow yRx$
- **推移律**：$xRy \wedge yRz \Longrightarrow xRz$

11.3 節でみた三角形の相似（例 11.3.1 (1)）と三角形の合同（例 11.3.1 (2)）は，いずれも三角形全体の集合上の同値関係です．二つの整数 m, n に対して，$m - n$ が 3 の倍数であるという関係（例 11.3.2）は $\mathbb{Z}$ 上の同値関係です．それぞれが同値関係であることを示すには，反射律・対称律・推移律が成り立つことを地道に確認すればよいのです．

一方，負でない整数全体を $\mathbb{N}$ で表し，二つの負でない整数 m, n に対して，$\exists k \in \mathbb{N}\ mk = n$ という関係（m が n の約数であるということ，例 11.3.3）を考えると，これは $\mathbb{N}$ 上の同値関係ではありません．たとえば 3 は 6 の約数ですが，6 は 3 の約数ではありませんから，対称律が成り立ちません．

R が集合 A 上の同値関係であるとき，各 $a \in A$ に対して，aRx となる $x \in A$ 全体を考え，それを a の**同値類**といいます．たとえば二つの整数 m, n に対して，$m - n$ が 3 の倍数であるという関係の場合，0 の同値類は 3 の倍数全体です．1 の同値類は 3 で割って 1 余る整数全体であり，2 の同値類は 3 で割って 2 余る整数全体です．

R が集合 A 上の同値関係であるとき，すべての同値類から一つずつ要素を選んでできる集合を**代表系**といいます．代表系の取り方は，一般には一通りに決まりません．たとえば二つの整数 m, n に対して，$m - n$ が 3 の倍数であるという関係の場合，$\{0, 1, 2\}$ は代表系ですし，$\{1, 2, 3\}$ も代表系です．

◆**順序関係**

整数の大小関係（$\leq$）には，以下の性質があります．

- $x \leq x$
- $x \leq y \wedge y \leq x \Longrightarrow x = y$
- $x \leq y \wedge y \leq z \Longrightarrow x \leq z$

これとそっくりな性質をもつ関係も数学のさまざまな場所に現れます．A 上の 2 項関係 R が以下三つの性質をもつとき，R を A 上の**半順序関係**，略して**順序関係**といいます．

- 反射律：xRx
- **反対称律**：$xRy \wedge yRx \Longrightarrow x = y$
- 推移律：$xRy \wedge yRz \Longrightarrow xRz$

たとえばさきほどの，負でない整数 m, n に対して $\exists k \in \mathbb{N} \; mk = n$ という関係（m が n の約数であるということ，例 11.3.3）は，$\mathbb{N}$ 上の順序関係です．また，集合 $\{1, 2\}$ の部分集合全体を A で表しましょう．つまり $A = \{\emptyset, \{1\}, \{2\}, \{1, 2\}\}$ です．このとき，A の二つの要素 X, Y に対して，X が Y の部分集合であるという関係（例 11.3.4 (1)）は A 上の順序関係です．これらが順序関係であることを示すには，反射律・反対称律・推移律が成り立つことを確認すればよいのです．

一方，上の $A = \{\emptyset, \{1\}, \{2\}, \{1, 2\}\}$ の二つの要素 X, Y に対して，$X \cap Y$ が空でないという関係（例 11.3.4 (2)）は反射律をみたしません．$\emptyset \cap \emptyset$ は空集合だからです．したがってこの関係は，A 上の同値関係でもないし，A 上の順序関係でもありません．

12.3 集合の集合

◆**集合族**

高校数学では，集合の集合を考えることに消極的でした．一方，大学の数学

には集合の集合が現れます. 要素がすべて集合であるような集合を**集合族**といいます.

集合族を考えるときは, すべてをいわゆるベン図で理解しようとしないでください. ベン図は, 1 階に要素が住み, 2 階に集合が住むという 2 階建ての世界観を表す図です. 集合の集合という 3 階建ての世界観にはなじまないのです.

集合族に対しても和集合を考えることができます.

定義 12.3.1　1. $\mathcal{F}$ が集合族のとき, $\mathcal{F}$ の少なくとも 一つの要素（集合族の要素だから, これも集合である）に属するもの全体を $\mathcal{F}$ の**和集合**といい, $\bigcup \mathcal{F}$ で表す.

$$x \in \bigcup \mathcal{F} \Longleftrightarrow \exists A \in \mathcal{F} \; x \in A \qquad (12.3.1)$$

2. $\mathcal{F}$ は集合族で, $\mathcal{F}$ は少なくとも 一つの要素をもつとする（$\mathcal{F} \neq \emptyset$）. このとき, $\mathcal{F}$ のすべての要素（集合族の要素だから, これらも集合である）に属するもの全体を $\mathcal{F}$ の**共通部分**といい, $\bigcap \mathcal{F}$ で表す.

$$x \in \bigcap \mathcal{F} \Longleftrightarrow \forall A \in \mathcal{F} \; x \in A \qquad (12.3.2)$$

例 12.3.1　集合 $A, B, C, D,$ および E に対して集合族 $\{A, B, C, D, E\}$ を考える. その和集合と共通部分は以下のようになる.

$$\bigcup \{A, B, C, D, E\} = A \cup B \cup C \cup D \cup E \qquad (12.3.3)$$

$$\bigcap \{A, B, C, D, E\} = A \cap B \cap C \cap D \cap E \qquad (12.3.4)$$

◆べき集合

集合族の重要な例として, べき集合があります.

例 12.3.2　集合 A の部分集合全体を一つの集合と考えるとき, これを A の**べき集合**という. 記号では 2^A, あるいは $P(A)$ で表す. べき集合は集合族である.

例 **12.3.3**　集合 $A = \{1, 2, 3\}$ のべき集合は以下の通りである.

$$2^A = \{\emptyset, \{1\}, \{2\}, \{3\}, \{1, 2\}, \{1, 3\}, \{2, 3\}, \{1, 2, 3\}\}$$

もともと A の要素が 3 個なので, 部分集合を「1 が入るか, 2 が入るか, 3 が入るか」で場合分けすると $2^3 = 8$ 通りとなり, べき集合の要素がなぜ 8 個なのか説明が付く. $3 < 2^3$ だから, A から 2^A への全射はない.

　A が有限集合で要素が n 個の場合, 上記と同様にして $n < 2^n$ だから, A から 2^A への全射はないとわかります. この論法では A が無限集合の場合へ応用がききません. そこで別解を考えてみます.

　いま, f が A から 2^A への写像だとしましょう. 言いたいことは, f が全射ではないということです. それには, A の部分集合 Y で, $f(1), f(2), f(3)$ のいずれとも異なるものがあると示せばよいのです. 例として $f(1), f(2), f(3)$ が以下で与えられるとします.

$$A = \{1, 2, 3\}$$
$$f(1) = \{1, \quad 3\}$$
$$f(2) = \{1, \quad\ \}$$
$$f(3) = \{\quad 2, 3\}$$

いま, $Y \neq f(1)$ となるように Y を定めたいのです. ここで

- $1 \in f(1)$ と $1 \in Y$
- $2 \in f(1)$ と $2 \in Y$
- $3 \in f(1)$ と $3 \in Y$

のどれか一組が同値でなければ, $Y \neq f(1)$ となります. 三つとも同値でないようにする必要はありません. 一つで十分なのです. そこで「$1 \in f(1)$ と $1 \in Y$ が同値でない」ようにしましょう. そのためには $1 \notin Y$ と決めればよいの

です．同様に，「$2 \in f(2)$ と $2 \in Y$ が同値でない」ようにすれば $Y \neq f(2)$ となります．そのために $2 \in Y$ と決めます．さらに「$3 \in f(3)$ と $3 \in Y$ が同値でない」ようにすれば $Y \neq f(3)$ となります．そのために $3 \notin Y$ と決めます．するとたしかに Y は $f(1), f(2), f(3)$ のいずれとも異なります．Y は f の像に入らないので，f はべき集合への全射ではありません．

　ここで Y の決め方をまとめると，下の式の対角線の部分を見て，枠の中がいわば欠席であるときに限って，その「欠席者」を Y に入れるようにしたのです．少々ふざけた掛け声をかけるとしたら「欠席者，全員集合！」です．

$$A = \{1, \quad 2, \quad 3\}$$
$$f(1) = \{\boxed{1}, \quad\quad 3\}$$
$$f(2) = \{1, \quad \boxed{} \quad\}$$
$$f(3) = \{\quad\quad 2, \boxed{3}\}$$
$$Y = \{\quad\quad 2 \quad\quad\}$$

「欠席者，全員集合！」をまじめな書き方に直すと，こうなります．

$$Y = \{x \in A \mid x \notin f(x)\} \tag{12.3.5}$$

たとえ A が無限集合であっても，もう心配はいりません．f が A から 2^A への写像であるとき，(12.3.5) にしたがって Y を定めると，f の像のどの要素 $f(x)$ に対しても

$$x \in Y \iff x \notin f(x) \tag{12.3.6}$$

となるので $Y \neq f(x)$ です．したがって Y は f の像に入らないので，f はべき集合への全射ではありません．以上により，以下が証明されました．

定理 12.3.2（カントルの定理）　集合 A から，A のべき集合への全射は存在しない．

　この定理の証明で用いた論法を**対角線論法**といいます．

井伊江のん ◎いったい，どんな努力をすれば対角線論法を自然に思いつける
ようになるのでしょう．そこがわかりません．

　おそらく，ふつうの人が努力をして自然に思いつくようなものではありませ
ん．一人のファンとして「カントル先生，かっこいい！」と思えばいいじゃな
いですか．たとえていうと，お気に入りの音楽を聴いているとき「いったい，
どんな努力をすればこのメロディを自然に思いつけるようになるのだろう」と
悩んだりしないですよね．

◆商集合

　集合 A 上の同値関係 R に対して，すべての同値類から一つずつ要素を選ん
でできる集合を代表系というのでした．代表系の取り方は，一般には一通りに
決まらなかったですよね．さきほど例として，二つの整数 m, n に対して，$m -
n$ が 3 の倍数であるという関係の場合を考察しました．$\{0, 1, 2\}$ も，$\{1, 2, 3\}$
もどちらも代表系です．

　発想を変えて，各々の同値類を一つの点だと思ってしまう方法もあります．
そうすれば，代表系の選び方に迷わずにすみます．もう少しきちんというと，
同値類全体からなる集合族を考えます．この集合族を同値関係 R による A の
商集合といいます．

　　★**次回予告**…次回の前半では無限集合の不思議で面白い世界を探検します．
　　　　　　　　後半ではこれまで学んだことをフル活用して，数列の収束の
　　　　　　　　定義を学びます．

第**13**章

集合と写像のボキャブラリ
後編

13.1　集合を値とする写像

◆写像としての数列

　高校では「$a_1, a_2, a_3, \cdots$ のように数を並べたものを数列という」と学んだで
しょう．無限個のものを並べるというのは，文字通りに受け取ると奇妙な話です．
いつまで並べても終わりませんから．集合論の言葉でいうと，実数列とは自然数
全体の集合 $\mathbb{N}$ から実数全体の集合 $\mathbb{R}$ への写像のことです．$f(0), f(1), f(2), \cdots$
と書く代わりに $a_0, a_1, a_2, \cdots$ と書いているだけです．0 から始めないで 1 か
ら始めれば高校数学の数列と同じになります．この文脈で「数を並べる」とい
うのは「$\mathbb{N}$ から $\mathbb{R}$ への写像を考える」の文学的表現にすぎません．

◆添え字付けられた集合族

　数列も写像の一種である，という考え方は集合族にも応用できます．$\mathcal{A}$ が集
合族で f が $\mathbb{N}$ から $\mathcal{A}$ への写像としましょう．このとき $f(0), f(1), f(2), \cdots$
と書く代わりに $A_0, A_1, A_2, \cdots$ のように書くことがあります．この写像 f の
ことを，**自然数で添え字付けられた集合族** $\{A_n\}_{n \in \mathbb{N}}$ とよぶことがあります．
さらに言葉の使い方をゆるめて次のような言い方もします．Λ（ラムダと読み
ます）が集合で g が Λ から $\mathcal{A}$ への写像としましょう．このとき Λ の各要素
λ（小文字のラムダです）に対して，$f(\lambda)$ と書く代わりに A_λ のように書くこ
とがあります．この写像 g のことを，**集合 Λ の要素で添え字付けられた集合
の族** $\{A_\lambda\}_{\lambda \in \Lambda}$ とよぶことがあります．「添え字付けられた集合の族」とは「値

が集合になっている写像」の文学的表現にすぎません.

13.2　「濃度が等しい」という関係

◆要素の個数と全単射

　フォークの集合 A とナイフの集合 B が与えられたとしましょう. フォークの個数とナイフの個数が同じであることを確かめるにはどうしたらよいでしょうか. 一つのやり方は, それぞれの個数を数えることです. たとえばどちらも 16 個だったら, フォークの個数とナイフの個数は同じです. 別のやり方として, 数を使わない方法があります. 片端から, フォークとナイフをペアにしていくのです. どちらかが余って終われば同数ではないし, 余りなしにペアを作ることができたら同数です. このとき我々は無意識に, フォークの集合 A からナイフの集合 B への全単射があるかどうか調べています.

　集合 A から集合 B への全単射があれば集合 A と集合 B の要素の個数は等しいし, 逆に集合 A と集合 B の要素の個数が等しければ集合 A から集合 B への全単射があります. この考え方のよいところは, A, B が無限集合の場合にも応用できることです.

　無限集合に対しても, 要素の個数に似た概念を考えることができます. その集合の濃度, あるいは基数といいますが, 濃度や基数を直接定義するには, 少し面倒な議論が必要です. 幸いなことに, 濃度を定義しなくても「濃度が等しい」という概念は簡単に定義できて, いまの我々の興味にとっては, それで十分です. A, B がフォークとナイフの集合であることはいったん忘れて, 一般の集合 A, B に対して以下の定義をします.

　定義 13.2.1　集合 A から集合 B への全単射があるとき, A と B は**濃度が等しい**という.

　例題 13.2.1　自然数全体の集合 $\mathbb{N}$ と整数全体の集合 $\mathbb{Z}$ の濃度が等しいことを示しなさい. ここでは 0 も自然数とする.

　解　$0, -1, 1, -2, 2, -3, 3, \cdots$ という数列を考える. この数列の項として, す

べての整数が漏れなく，重複もなく現れる．この数列を写像と考えると，ℕ から ℤ への全単射になっている．

例題 13.2.2 0,1 以外の項が現れない数列全体を S で表す．たとえば $0,0,0,0,\cdots$ や $0,1,0,1,\cdots$ は S の要素である．自然数全体の集合 ℕ のべき集合 $2^{\mathbb{N}}$ は，S と濃度が等しいことを示しなさい．

解 まず ℕ の部分集合 X の各々に対して数列 $a_0, a_1, a_2, \cdots$ を以下のように定める．

$$a_n = \begin{cases} 1 & (n \in X \text{ のとき}) \\ 0 & (\text{そうでないとき}) \end{cases}$$

すると，X に数列 $\{a_n\}_{n=0,1,\ldots}$ を対応させる写像は $2^{\mathbb{N}}$ から S への全単射であることが容易にわかる．

◆濃度が等しいことを示す方法

濃度が等しいことを示すとき，よく使う定理があります．カントル，ベルンシュタイン，シュレーダーの貢献によるものですが，ふつうはベルンシュタインの定理とよばれます．

定理 13.2.2（ベルンシュタインの定理） 集合 A から集合 B への単射があり，集合 B から集合 A への単射もあるとき，A から B への全単射が存在する．

ベルンシュタインの定理の証明は省略し，使い方の例を示します．

例題 13.2.3 自然数全体の集合 ℕ と，その直積 $\mathbb{N}^2 = \{(m,n) \mid m \in \mathbb{N}, n \in \mathbb{N}\}$ の濃度が等しいことを示しなさい．ここでは 0 も自然数とする．

解 ℕ から $\mathbb{N}^2$ への写像 f を $f(n) = (n,0)$ で定めると，f は ℕ から $\mathbb{N}^2$ への単射である．

また，自然数の順序対 (m, n) に対して $g(m, n) = 2^m 3^n$ と定めると，g が $\mathbb{N}^2$ から $\mathbb{N}$ への単射であることが容易にわかる.

$\mathbb{N}$ から $\mathbb{N}^2$ への単射があり，$\mathbb{N}^2$ から $\mathbb{N}$ への単射もあるので，ベルンシュタインの定理により $\mathbb{N}$ と $\mathbb{N}^2$ の濃度は等しい.

例題 13.2.4　自然数全体の集合 $\mathbb{N}$ と有理数全体の集合 $\mathbb{Q}$ の濃度が等しいことを示しなさい. ここでは 0 も自然数とする.

解　$\mathbb{N}$ から $\mathbb{Q}$ への写像 f を $f(n) = n$ で定めると，f は $\mathbb{N}$ から $\mathbb{Q}$ への単射である.

また，$g(0) = 0$ と定め，0 でない有理数 q に対して $g(q)$ を以下のように定める. まず q を，既約分数（それ以上約分できない分数）m/n で表す. ただし分母は正になるようにする. このような整数 m, n は q に応じて一通りに決まる. $m > 0$ のときは $g(q) = 2^m 3^n$ とし，$m < 0$ のときは $g(q) = 5^{-m} 3^n$ とする. すると g が $\mathbb{Q}$ から $\mathbb{N}$ への単射であることが容易にわかる.

$\mathbb{N}$ から $\mathbb{Q}$ への単射があり，$\mathbb{Q}$ から $\mathbb{N}$ への単射もあるので，ベルンシュタインの定理により $\mathbb{N}$ と有理数全体の集合 $\mathbb{Q}$ の濃度は等しい.

◆可算無限集合と非可算無限集合

定理 12.3.2 により，以下が成り立ちます.

例 13.2.5　$\mathbb{N}$ から $2^{\mathbb{N}}$ への全射は存在しない.

したがって，$\mathbb{N}$ から $2^{\mathbb{N}}$ への全単射も存在しません. つまり $2^{\mathbb{N}}$ は $\mathbb{N}$ と濃度が等しくありません. また，定理 12.3.2 の証明とよく似た論法により，以下を示せることが知られています.

例 13.2.6　$\mathbb{N}$ から $\mathbb{R}$ への全射は存在しない.

ここまで学んだことから，以下がわかります.

例 **13.2.7** 1. $\mathbb{N}^2$, $\mathbb{Z}$, $\mathbb{Q}$ は，いずれも $\mathbb{N}$ と濃度が等しい.

2. $2^{\mathbb{N}}$, $\mathbb{R}$ は，いずれも $\mathbb{N}$ と**濃度が等しくない**.

一般に，$\mathbb{N}$ と濃度が等しい無限集合を**可算無限集合**といい，$\mathbb{N}$ と濃度が等しくない無限集合を**非可算無限集合**といいます．乱暴にいえば，無限にも小さな無限と大きな無限があり，実数は自然数よりもたくさんあるのです.

13.3　イプシロン・エヌ論法による収束の定義

高校の数学で，数列の極限が出てきます．たとえば $a_n = 1/n$ の場合，n が限りなく大きくなるとき a_n は限りなく 0 に近づきます．一般に実数 a と数列 $\{a_n\}$ に対して，

> n が限りなく大きくなるとき a_n は限りなく a に近づく　　　(13.3.1)

を記号で

$$a_n \to a \quad (\text{if } n \to \infty) \tag{13.3.2}$$

と書いたり

$$\lim_{n \to \infty} a_n = a \tag{13.3.3}$$

と書いたりします．高校ではこれらの意味を厳密には説明せず，感覚的な理解のまま話を進めます.

言葉の字面通りに見る限り，(13.3.1) は奇妙な文です．たとえば，頭の中で理想化した表計算ソフトを想像してみましょう．その表計算のシートに n の列と a_n の列を作り，n の列に $0, 1, 2, 3, \cdots$ を入力していきます．すると a_n の列に値が現れてくるはずです．しかし，いったいいつまで待ったらよいので

しょうか．入力と観察を「限りなく」続けるなんて無茶な話です．

工学的な文脈では，(13.3.1) の意味は

$$n \text{ が十分大きいとき,} a_n \text{ はほとんど } a \text{ に等しい} \qquad (13.3.4)$$

だと思っても大きな間違いではありません．つまり頭の中で理想化した表計算ソフトを想像すると，n が十分大きい行では，a_n のセルにはほとんど a と等しい値が入っているということです．

しかし大学で数学を学んでいくとき，このようなあいまいな理解では困ることもあります．きちんとした定義はすでに確立しています．少しややこしいので順を追って説明しましょう．まず「n が十分大きい」というところを，大きな自然数 N を用いて「$n \geq N$」と表してみましょう．同様に「a_n はほとんど a に等しい」というところを，小さな誤差を表す数 ε（イプシロンと読みます）を用いて「$|a_n - a| < \varepsilon$」で置き換えてみます．

$$n \geq N \Longrightarrow |a_n - a| < \varepsilon \qquad (13.3.5)$$

これはまだ，暫定版です．工学的な文脈では，なにか十分大きい自然数 N と，十分小さい正の実数 ε を固定しておけばいいのかもしれません．どれぐらい小さな ε を固定するべきかは，ケース・バイ・ケースです．コーヒーカップの設計をする文脈と発電所の部品を設計する文脈では，求められる精度が異なるはずです．数学の文脈では，この暫定版では不十分です．

ではたとえば，

(悪い例)　「$\forall \varepsilon > 0 \, (n \geq N \Longrightarrow |a_n - a| < \varepsilon)$」 $\qquad (*)$

を正式版として採用してよいでしょうか．ここで「$\forall \varepsilon > 0$」は「$\forall \varepsilon \in \{x \,|\, x \text{ は正の実数}\}$」の省略表現です．たとえば $a_n = 1/n$ かつ $a = 0$ の場合を考えると，主張 $(*)$ が成り立ちません．つまり，この案は採用できません．

結論から先に言うと，$(*)$ から $n \geq N \Longrightarrow a_n = a$ が導かれるので，$(*)$ は欲張りすぎなのです．以下では，$a_n = 1/n, a = 0$ の場合に $(*)$ から矛盾が出ることを，論理の規則におおむね忠実に説明してみます．面倒くさ

ければ飛ばしてもかまいません.

まず $a_n = 1/n, a = 0$ の場合. 主張 (*) は「$\forall \varepsilon > 0 \ (n \geq N \implies |1/n| < \varepsilon)$」となる. ここで $\varepsilon = 1/N$ の場合を考えると「$n \geq N \implies |1/n| < 1/N$」となる（「$\varepsilon = 1/N$ の場合を考えると」の箇所で任意取りをした）. 隠れた任意記号を復元して「$\forall n \in \mathbb{N} \ (n \geq N \to |1/n| < 1/N)$」. $n = N$ の場合を考えると（これも任意取り）「$N \geq N \to |1/N| < 1/N$」が導かれる. ここで $N \geq N$ は成り立つから（ならば取りによって）$|1/N| < 1/N$ が導かれ, 矛盾する.

そこでもう少し謙虚にします. 一つの N がすべての正の数 ε に対して「さあ, どこからでもかかってきなさい」と見栄を切ってもうまくいかないことがわかったので, 正の数 ε という「敵の攻撃」に応じて, ふさわしい N を選んで迎え撃つことにします.

$$\forall \varepsilon > 0 \ \exists N \in \mathbb{N} \ (n \geq N \implies |a_n - a| < \varepsilon) \tag{13.3.6}$$

大学の数学科では, この (13.3.6) が (13.3.1) の正式な定義です. つまり (13.3.1) は (13.3.6) の文学的表現だということです. (13.3.6) の, こっそり現れているオールを復元するとこうなります.

$$\forall \varepsilon > 0 \ \exists N \in \mathbb{N} \ \forall n \in \mathbb{N} \ (n \geq N \to |a_n - a| < \varepsilon) \tag{13.3.7}$$

文章で表すとこうなります.

どんなに小さな正の数 ε に対しても, ある自然数 N が存在して, すべての $n \geq N$ に対して, $|a_n - a| < \varepsilon$ となる.

「どんなに小さな正の数 ε に対しても」というのは情緒的な表現です. もっ

と淡々と書くなら「任意の正の数 ε に対して」となります．文章の方がわかりやすいこともありますが，否定命題を作るときは (13.3.6) や (13.3.7) に直した方がわかりやすいです．(13.3.1) すなわち

n が限りなく大きくなるとき a_n は限りなく a に近づく

の否定は (13.3.6) の否定です．どうなりますか．

井伊江のん ◎それは任せてください．こうなります．

$$\exists \varepsilon > 0 \ \forall N \in \mathbb{N} \ \exists n \in \mathbb{N} \ (n \geq N \wedge |a_n - a| \geq \varepsilon) \tag{13.3.8}$$

お見事，その通りです．(13.3.6) のよいところは，単に厳密なだけではありません．慣れてくるとわかりますが，証明をするとき意外と便利なのです．

ところで「$n = 1$ から無限大までの何々の和をとる」という言い方も，字面通りに受け取ると妙な話です．文字通り足し算を無限に続けたら無限に時間がかかってしまいます．「$n = 1$ から無限大までの何々の和をとる」も文学的表現であり，正式な定義はほかにあります．数列 $\{a_n\}$（添え字は 1 から始まることにしておきます）の第 n 項までの部分和 $\sum_{k=1}^{n} a_k = a_1 + \cdots + a_n$ を S_n と書くと，部分和の数列 $\{S_n\}$ を考えることができます．いま実数 S に対して

$$\lim_{n \to \infty} S_n = S$$

が成り立つとき，

$$\sum_{n=1}^{\infty} a_n = S$$

と書きます．

宇奈月うい郎 ◎数学にはこんなのも出てきますよね．

---

n が限りなく大きくなるとき a_n は無限大に発散する　　　(13.3.9)

宇奈月うい郎 ◎記号では

$$a_n \to \infty \quad (\text{if } n \to \infty) \tag{13.3.10}$$

と書いたり

$$\lim_{n \to \infty} a_n = \infty \tag{13.3.11}$$

と書いたりするやつです．これの正式な定義はなんですか．

　大学の数学科では，以下の (13.3.12) が (13.3.9) の正式な定義です．つまり (13.3.9) は (13.3.12) の文学的表現です．

$$\forall k \in \mathbb{N} \; \exists N \in \mathbb{N} \; (n \geq N \implies a_n > k) \tag{13.3.12}$$

(13.3.12) の中にこっそり現れているオールを復元するとこうなります．

$$\forall k \in \mathbb{N} \; \exists N \in \mathbb{N} \; \forall n \in \mathbb{N} \; (n \geq N \to a_n > k) \tag{13.3.13}$$

文章で表すとこうなります．

　どんなに大きな正の数 k に対しても，ある自然数 N が存在して，すべての $n \geq N$ に対して，$a_n > k$ となる．

宇奈月うい郎 ◎ (13.3.9) の否定はどうなるんでしたっけ．
井伊江のん ◎やっていい？　こうなります．

$$\exists k \in \mathbb{N} \; \forall N \in \mathbb{N} \; \exists n \in \mathbb{N} \; (n \geq N \land a_n \leq k) \tag{13.3.14}$$

　はい，その通りです．

井伊江のん ◎やったー！　「否定命題を作れ」の回で学んだことがすごく深くわかるようになりました．

13.4 練習問題

集合と写像の締めくくりとして，練習問題に挑みましょう.

問題 13.1 いま f が集合 A から集合 B への単射で，g が B から集合 C への単射であるとする. このとき合成写像 $g \circ f$ は A から C への単射であることを示しなさい.

問題 13.2 いま f が集合 A から集合 B への全射で，g が B から集合 C への全射であるとする. このとき合成写像 $g \circ f$ は A から C への全射であることを示しなさい.

問題 13.3 0 でない有理数全体を $\mathbb{Q}'$ で表す. $\mathbb{R}$ 上の 2 項関係 R を以下のように定める.

$$xRy \iff \exists q \in \mathbb{Q}' \; xq = y$$

このとき，R が $\mathbb{R}$ 上の同値関係であることを示しなさい.

問題 13.4 正の整数全体を $\mathbb{N}_+$ で表し，0 でない有理数全体を $\mathbb{Q}'$ で表す. $\mathbb{Q}'$ 上の 2 項関係 S を以下のように定める.

$$xSy \iff \exists m \in \mathbb{N}_+ \; xm = y$$

このとき，S が $\mathbb{Q}'$ 上の半順序関係であることを示しなさい.

問題 13.5 集合 A と集合族 $\mathcal{B}$ に対して以下を示しなさい. ただし小問 (2) で $\mathcal{B}$ は空でないとする.

(1) $A \cap \bigcup \mathcal{B} = \bigcup \{A \cap B \mid B \in \mathcal{B}\}$
(2) $A \cup \bigcap \mathcal{B} = \bigcap \{A \cup B \mid B \in \mathcal{B}\}$

問題 13.6　いま E を全体集合とし，集合族 $\mathcal{A}$ の要素はすべて E の部分集合であるとする．また，$\mathcal{A}$ は空でないとする．E の部分集合 X の各々に対し，その補集合を X^c で表す．このとき，以下を示しなさい.

(1) $(\bigcup \mathcal{A})^c = \bigcap \{A^c \,|\, A \in \mathcal{A}\}$
(2) $(\bigcap \mathcal{A})^c = \bigcup \{A^c \,|\, A \in \mathcal{A}\}$

問題 13.7　いま A は集合であるとする．A のべき集合 2^A から A への単射は存在しないことを示しなさい.

問題 13.8　$\mathbb{N}$ と $\mathbb{R}$ の直積 $\mathbb{N} \times \mathbb{R}$ は $\mathbb{R}$ と濃度が等しいことを示しなさい.

★**次回予告**…専門書つまみ食い鑑賞教室と題して，発展的な内容を学びます.

---第**14**章---

専門書つまみ食い
鑑賞教室

14.1　昔の集合論の不具合

　パソコンやスマホを使っていると，ごくたまに「○○社は○○に重大なセキュリティ上の問題があることを発表しました．悪用されると任意のコードを実行されるおそれがあります．ユーザはただちに緊急アップデート○○を適用してください」というニュースに接することがあります．「任意のコードを実行されるおそれ」の意味がわからないユーザであっても「危ないんだな」ということぐらいはわかります．こうしたニュースを聞くのは，ごくたまに，というよりもう少し頻繁かもしれません．その○○社が優秀な技術者揃いであっても，人間のやることですから，やはり不具合を見逃すのです．

　19世紀の集合論には，こうした「深刻なセキュリティ上の問題」と似た不具合がありました．悪用されるとなんでも導出されてしまいます．「なんでも導出されてしまうおそれ」の意味がわからなくても「なんだか，かなりまずそうだな」と感じていただきたいところです．

　第11章の冒頭で紹介した，集合についてのありがちな説明を思い出してください．あれはおおむね，19世紀の集合論の考え方なのです．お忘れかもしれないので，その説明をもう一度出します．

モノの集まりを集合という．それぞれのモノがその集まりに入るか，入らないかがはっきりしていなければならない．たとえば 1 以上 6 以下の偶数全体は集合である．一方，大きな数全体は集合ではない．それぞれの数が大きいかどうかについてはっきりした基準がないからである．

「19 世紀の集合論」という言い方はあいまいで，歴史家からお叱りを受けそうです．しかし技術的に細かいところへ立ち入りたくないので，あえてこの言い方をします．不具合の例をお見せしましょう．19 世紀の集合論では，性質 $p(x)$ が与えられたとき，それをみたす x 全体の集合 $A = \{x \mid p(x)\}$ が当然存在すると考えられていました．現代風に書くと，A について以下が成り立ちます．

$$\forall x \ (x \in A \leftrightarrow p(x)) \tag{14.1.1}$$

ここで $p_1 \leftrightarrow p_2$ というのは，$p_1 \to p_2 \land p_2 \to p_1$ の略記です．さて，性質 $p(x)$ として「x は x 自身の要素ではない」というものを考えます．

井伊江のん ◎なんだか不自然で人工的な性質ですね．

この不自然で人工的に見えるやり方で急所を突いたとき，不具合があらわになります．性質 $p(x)$ として $x \notin x$ を用いると，19 世紀の集合論に基づけばの話ですが，それをみたす x 全体の集合 $R = \{x \mid x \notin x\}$ が存在します．式 (14.1.1) は以下のようになります．

$$\forall x \ (x \in R \leftrightarrow x \notin R) \tag{14.1.2}$$

ここで「$x \in R \leftrightarrow x \notin R$」の x に R を代入してみます．

井伊江のん ◎その代入も人工的ですね．

はい．人工的ですが，19 世紀の集合論に基づく限り，正当な手続きです．代入するとこうなります．

$$R \in R \leftrightarrow R \notin R \tag{14.1.3}$$

　よって矛盾．正しそうな主張から矛盾を導く話をパラドックスといいます．逆理と訳すこともあります．「性質 $p(x)$ が与えられたとき (14.1.1) をみたす A が存在する」という主張をフレーゲの内包公理といいます．フレーゲの内包公理において性質 $p(x)$ として「$x \notin x$」を考え，上記のようにして矛盾を導く話を**ラッセルのパラドックス**といいます．さて，上記のようにして，矛盾がタダで手に入ります．そこで背理法や否定の導入を使うと，結局，何でも証明できることになります．

井伊江のん ◎あーあ，まるでパスワードを破られちゃったみたいですね．危ないじゃないですか，19 世紀の集合論．

　高校数学や，その一歩先ぐらいまでの範囲しか考えないのであれば，実用上はそれほど危なくないです．難しいことを考えなければまあ大丈夫です．たとえていうと，サポート期限の切れたパソコンであっても，ネットワークにつながなければまあ大丈夫，というのと似ています．

井伊江のん ◎難しいことを考えなければまあ大丈夫とおっしゃいますが，難しいことを考えるときは困るんでしょう．ここまでの話の流れから推測するに，アップデートしたニュー・バージョンの集合論があるんですよね．中学校や高校で始めから，新しい集合論を教えてくれればいいのに．

　お察しの通り，公理的集合論というのがあります．ただし生徒にとって負担が重いです．大学によっては，数学科や大学院数学専攻の選択科目として，公理的集合論の授業を開いていることがあります．公理的集合論ではフレーゲの内包公理をそのままの形では受け入れません．もっと用心深い約束事を用意します．

14.2　『キューネン数学基礎論講義』I.2 公理

　アップデートされた集合論はどんな姿になったのでしょうか．キューネン著『キューネン数学基礎論講義』I.2 公理を見てみましょう…と思ったのですが，これは大学 1 年生には難しすぎるかもしれません．キューネンの本を参考に

しつつ，多少のごまかしをまじえながら ZFC 集合論の公理を紹介します．

0. 集合の存在：少なくとも一つ集合は存在する．

1. 外延性公理：二つの集合どうしが等しいかどうかは，それらの要素だけで決まる．もっとはっきりいうと，お互いに相手の部分集合であれば，それら二つの集合は同じであるとみなす．

2. 基礎の公理：要素の要素の要素の…と無限に続く集合の列，つまり集合の列 $\{x_n\}_{n=0,1,2,\cdots}$ で以下をみたすものは存在しない．

$$x_0 \ni x_1 \ni x_2 \ni \cdots \ni x_n \ni \cdots$$

3. 内包の公理：すでに集合とわかっているもの A の要素（A の要素全部でなくてもよい）からなる集まりは集合である．

4. 対の公理：すでに集合とわかっているもの x, y が与えられたとき，x と y だけを要素とする集合が存在する．これを x と y の非順序対といって，$\{x, y\}$ で表す．

5. 和集合公理：集合族 $\mathcal{F}$ が与えられたとき，$\mathcal{F}$ の要素の要素全体からなる集合が存在する．それをこの族の和集合といい，$\bigcup \mathcal{F}$ で表す．

6. 置換公理：すでに集合とわかっているもの A と，A を定義域とする写像 F が与えられたとき，F による A の像は集合である．

7. 無限公理：自然数全体の集まりは集合である．

8. べき集合公理：すでに集合とわかっているもの A の部分集合全体は集合である．これを A のべき集合という．

9. 選択公理：集合族 F の要素はいずれも空ではなく，F の相異なる二つの要素は必ず互いに素（共通部分が空）であるとする．このとき F の各要素からちょうど一つずつ要素を取り出して作った集合が存在する．

以上の公理 0 から公理 9 をまとめて ZFC 集合論の公理系，略して ZFC といいいます[1]．以下，おおざっぱな説明です．ものの集まりをなんでも集合に

---

[1]専門書では内包の公理と置換公理には語尾に「図式」を付けて「○○公理図式」という名前で呼びますが，ここではごまかして，単に「○○公理」とよびます．

してしまうと問題が起きるので，もう少し具体的に「こういう集まりは，集合としての存在を承認する」という約束をしたのです．公理 0「集合の存在」は，念押しで一応入れたものです．公理 1「外延性公理」は，表現は少し違うかもしれませんが，高校の教科書にも載っている話です．公理 2「基礎の公理」と公理 6「置換公理」は上級者向けの約束事なので，説明は省略します．基礎の公理は別名を正則性公理ともいいます．

井伊江のん ◎公理 3 の内包公理は，さきほどの危ない約束と同じですか．

微妙に違うんですよ．すでに集合として認められたものを一つ固定して，その部分集合を考えるのはよい，ということです．

井伊江のん ◎なるほど．セキュリティが強化されたみたいな感じですね．

公理 4「対の公理」も，高校数学で無意識に認めているはずです．公理 7「無限公理」は自然数全体の集合の存在を認めるものです．公理 3 と公理 7 から公理 0 が導かれます．公理 0 は，念押しです．

宇奈月うい郎 ◎整数全体，有理数全体，実数全体や複素数全体は，集合として存在を認めないのですか．

公理 7 と他の公理を使って頑張ると，整数全体の集合が存在することを示せます．ここでは深入りしません．有理数や実数，複素数についても同様です．
選択公理は中級者向けの約束事です．おおざっぱな説明だけします．数学の証明の中にときどき次のような言い方が現れます．

> 性質 $r(y)$ をみたす y が存在する．そこでそのような y を一つとり，y' とする．

本当に一つとるだけなら，上の文章は「存在取り」の文学的な表現にすぎないのです．y' はアイゲン・バリアブルです．述語論理の規則で学んだ「存在取り」を思い出しましょう．

存在命題から他の主張を証明するときの規則（再掲）

$$[r(y')]$$
$$\vdots$$
$$\frac{\exists y\; r(y) \qquad q}{q} \quad \text{存在取り}$$

ところが数学の証明の中には，もう少し複雑な表現も出てきます．

B を集合とする．各自然数 n に対して，性質 $r(n,y)$ をみたす $y \in B$ が存在する．そこで各 n に対してそのような y を一つとり，y_n とする．

すると，上のやり方では説明が付かないのです．

宇奈月うい郎◎どこが困るのかわかりません．性質 $r(y)$ の代わりに $\forall n \in \mathbb{N}\;(y \in B \wedge r(n,y))$ を考えればよいだけでしょう．

ほほう．その考え方で「存在取り」の図式を書いてみてください．

宇奈月うい郎◎はい，こうなります．

$$[\forall n \in \mathbb{N}\;(y' \in B \wedge r(n,y'))]$$
$$\vdots$$
$$\frac{\exists y\; \forall n \in \mathbb{N}\;(y \in B \wedge r(n,y)) \qquad\qquad q}{q} \quad \text{存在取り}$$

宇奈月うい郎◎これで，$\exists y\; \forall n \in \mathbb{N}\;(y \in B \wedge r(n,y))$ から q を導く規則を表せていますよね．問題なしですよ．

この文脈では，$\forall n \in \mathbb{N}\; \exists y\;(y \in B \wedge r(n,y))$ から q を導きたいのです．$\exists y\; \forall n \in \mathbb{N}\;(y \in B \wedge r(n,y))$ から q を導きたいわけではないのです．

宇奈月うい郎◎ぐぬぬ….

さらに，数学の証明の中には，次のような表現が出てくることもあります.

集合 A の各要素 x に対して，性質 $r(x,y)$ をみたす $y \in B$ が存在する．
そこで各 $x \in A$ に対してそのような y を一つとり，y_x とする．

このような推論を許可するための規則として，存在取りよりも強力なものが
ほしいのです．それが選択公理だと思ってください.

14.3 『キューネン数学基礎論講義』I.12 選択公理 AC

つまみ食い第 2 弾として，次の本に行きましょうか.

井伊江のん◎『キューネン数学基礎論講義』が気になってしかたないんです
が．部分的にでも，私が読めそうな箇所はないですか.

数学科の皆さんは，授業でツォルンの補題というのを学んで，学部 2 年生
以降，いろいろな証明に活用します.

ツォルンの補題

空でない集合 P の上に半順序 $\leq_P$ が与えられ，P のいかなる部分集
合 A に対しても以下が成り立つとする.

$$[A \neq \emptyset \wedge \forall a,b \in A\ a \leq_P b \vee b \leq_P a] \to \exists c \in P\ \forall a \in A\ a \leq_P c$$

このとき，ある $d \in P$ が存在して以下が成り立つ.

$$\forall x \in P\ (d \leq_P x \to d = x)$$

井伊江のん◎うーん，ややこしい．でもどこかで見たことあるような気がし

ます.

　慌てていま習得しなくてもいいですよ.『キューネン数学基礎論講義』I.12 選択公理 AC では，ツォルンの補題や，その仲間であるタッキーの補題，そしてそれらの使い方について述べています.　I.12 から読み始めるのはいかがでしょうか.　わからないことだらけだと思いますが，わからないことが出てくるたびに前の部分に戻って調べるのです.　そうすると「ああ，この専門用語は，後でツォルンの補題を学ぶための伏線だったんだなあ」とわかることもあるでしょう.

井伊江のん◎その I.12 の分量は何ページぐらいですか.　それと，前の部分の分量はどれくらいですか.

　日本語訳版でいうと，I.12 は約 10 ページです.　前の部分は約 80 ページです.

井伊江のん◎その分量なら，ふつうにアタマから読んでもいいかも.
宇奈月うい郎◎大学 1 年では選択公理を使わないんですか.

　こっそり使っていることはあります.　いま f が $\mathbb{R}$ から $\mathbb{R}$ への関数で，a,b は実数だとします.　高校の数学では厳密な定義抜きに「x が限りなく a に近づくとき，$f(x)$ が限りなく b に近づく」という表現を使ったはずです.　式を用いて「$f(x) \to b\ (x \to a)$」と書いたり，「$\lim_{x \to a} f(x) = b$」と書いたりします.　大学の数学科では「$\lim_{x \to a} f(x) = b$」の定義を次のように与えます.

$$\forall \varepsilon > 0\ \exists \delta > 0\ [(x \neq a \wedge |x - a| < \delta) \implies |f(x) - b| < \varepsilon] \quad (14.3.1)$$

もう少していねいに書けば以下の通りです.

$$\forall \varepsilon > 0\ \exists \delta > 0\ \forall x \in \mathbb{R}\ [(x \neq a \wedge |x - a| < \delta) \to |f(x) - b| < \varepsilon] \quad (14.3.2)$$

すると「$\lim_{x \to a} f(x) = b$」の否定命題を考えることができます.　我々が 13.3

節でやったのと似た議論です．上記の否定命題はこうなります．

$$\exists \varepsilon > 0 \; \forall \delta > 0 \; \exists x \in \mathbb{R} \; [(x \neq a \wedge |x - a| < \delta) \wedge |f(x) - b| \geq \varepsilon] \quad (14.3.3)$$

このとき，以下が成り立ちます．

$$\neg(\lim_{x \to a} f(x) = b) \implies a \text{ に収束する実数列 } \{a_n\} \text{ と，正の数 } \varepsilon \text{ が存在して，}$$
$$\forall n \in \mathbb{N} \; |f(a_n) - b| \geq \varepsilon$$

100 個の実数 $a_1, \cdots, a_{100}$ と正の数 ε で，すべての $n \, (1 \leq n \leq 100)$ に対して，$|a_n - a| \leq 1/n$ かつ $|f(a_n) - b| \geq \varepsilon$ となるものがほしいだけなら，選択公理を使う必要はありません．乱暴に言えば，まず (14.3.3) の ε を一つ固定し，δ の候補として $1, 1/2, \cdots, 1/100$ を次々にとり，それぞれに対してアイゲン・バリアブルをとればよいのです．要するに，アイゲン・バリアブルを 100 回とればよい．しかし，数列 $\{a_n\}$ で，すべての自然数 n に対して $|a_n - a| \leq 1/n$ かつ $|f(a_n) - b| \geq \varepsilon$ となるものの存在を示すには，そのやり方では不十分です．選択公理があればできます[2]．

　選択公理にはまったくふれず，ごまかして上記のような数列の存在を示す文章に出会うことがあるでしょう．数学者の業界では，とくにことわりがない限り選択公理を使ってよい約束になっており，このような場面では「さあ，選択公理を使いますよ」と宣言せずに話を進めることが多いのです．大学 1 年生相手に説明しているときでも，ついそのノリでこっそり選択公理を使う先生は多いはずです．「あ，ここで先生はこっそり選択公理を使ったな」と気付く繊細な学生は少数派と思われます．

宇奈月うい郎 ◎僕は気付かないでしょう．気付きそうになっても，時間の投資対効果が少ない，と判断して，そういうところには深入りしないです．
井伊江のん ◎ある意味，うらやましい性格だな．どうやってそんなにスパッと割り切れるのよ．私はしょっちゅう，その種のことに気付きそうになって悩んでる．気付きそうなんだけど，「気付いた！　こういうことね」まではなかなか至らないからモヤモヤする．

---

　[2]厳密にいうと，この場合は選択公理の少し弱いバージョンで十分です．

14.4　『記号論理入門』付録 III

井伊江のん◎だいぶ前から，引っかかっているところがあるんですよ．論理のユーザーがラクをするための規則です．

論理のユーザーがラクをするための規則（8.3 節，再掲）

　命題または条件 p, q が，第 I 部でやったように論理関数として同じであるとき，p から q を導ける（逆に q からも p を導ける）．

井伊江のん◎たしか，これなしで，自然演繹 NK の規則だけでも原理的には同じことができるのでしたよね．どうやって示すのですか．

　では，前原昭二著『記号論理入門』の付録 III を読みましょうか．

井伊江のん◎いきなり付録から読み始めるんですか．

　はい．付録を読んで，わからないところがあったら本編に戻って学ぶのです．そうすれば早く読めますよ…と言おうとしたのですが，冷静に考えてみると，それはつらいかもしれません．さて，ある命題について真理値表を書いたところ，すべての行が TRUE になったとしましょう．このような命題を**トートロジー**，あるいは**恒真式**といいます．

　トートロジーは，自然演繹の命題論理の規則（8.1 節）だけを使って証明できることが知られています．これを**命題論理の完全性定理**といいます．付録 III にある定理 2 が，まさに命題論理の完全性定理なのです．

宇奈月うい郎◎それで，命題論理の完全性定理から，どうやってラクをする規則を導くのでしょうか．

　命題 p と q が論理関数として同じであるとします．このとき，$p \to q$ がトートロジーになります．すると命題論理の完全性定理により，自然演繹の命題論理の規則だけを用いて $p \to q$ を証明できます．ならば取りによって，p から q

を導けます. q から p を導けることも, 同様にしてわかります.

　上記の付録 III に命題論理の完全性定理の証明が書いてあります. 付録 III はたったの 5 ページです. 機会があれば眺めてみたらいかがでしょうか. 将来『記号論理入門』を読む機会があったら, この付録 III の理解を目標にして読んだらよいと思います.

束縛変数と自由変数

　任意入れ，任意取り，存在入れ，存在取りの説明（8.2 節）では，話が専門的になりすぎないようにごまかした部分があります．やっぱりごまかしたいのですが，ここでごまかしを緩和します．

　命題や条件の中の $\forall x\, p(x)$ という形をした箇所において，変数 x は束縛されているといいます．**束縛変数**という言葉は 10.2 節でも一度登場しました．同様に，$\exists x\, p(x)$ という形をした箇所においても変数 x は束縛されているといいます．束縛されていないとき，その変数は自由であるといいます．束縛変数や**自由変数**というのは，変数の使い方の分類です．一つの式の中で同じ文字がある場所では自由で，ほかの場所では束縛されていることもあります．自由変数には具体的な値を代入することができます．

例 A.1　1. いま $x = y \land \forall z\, \exists w\, w \neq z$ を p_1 で表そう．p_1 において x と y は自由であり，z と w は束縛されている．

　2. 次に $x = y \land \forall x\, \exists y\, y \neq x$ を p_2 で表そう．これは p_1 と同じ意味を表す．p_2 において最初の x と最初の y は自由であり，2 番目の x と 2 番目の y は束縛されている．

　3. p_2 の最初の y に 2 を代入すると以下を得る．$x = 2 \land \forall x\, \exists y\, y \neq x$.

　さて厳密にいうと，任意入れをするとき，および存在取りをするとき，アイゲン・バリアブルがその証明の図式全体の中でみたすべき制約があります．とくに任意入れのアイゲン・バリアブル x' は，任意入れの上の式 $p(x')$ を導くために用いられた仮定（のうち，その任意入れを行う段階で，まだ解消されていないもの）の中で自由変数として現れてはいけません．また，存在取りのア

イゲン・バリアブル x' は，存在取りの下の式 q に自由変数として現れてはいけません．

任意命題を証明するときの規則
（$p(x')$ を導けた場合）

$$\frac{p(x')}{\forall x\ p(x)}\quad \text{任意入れ}$$

任意命題から他の主張を
証明するときの規則

$$\frac{\forall x\ p(x)}{p(t)}\quad \text{任意取り}$$

存在命題を証明するときの規則

$$\frac{p(t)}{\exists x\ p(x)}\quad \text{存在入れ}$$

存在命題から他の主張を
証明するときの規則

$$[p(x')]$$
$$\vdots$$

$$\frac{\exists x\ p(x)\qquad q}{q}\quad \text{存在取り}$$

任意取りの下の式 $p(t)$ は，$p(x)$ の x に t を代入したものです．存在入れの上の式もそうです．8.2 節では，悪い代入はいけないと述べました．もう少していねいに言うと以下のようになります．

代入についての付帯条件
　束縛変数が新たに出現する代入は禁止する．

例 A.2　$\exists y\ x \neq y$ において y は束縛されており，x は自由である．いま x に y を代入して $\exists y\ y \neq y$ を作ると，左から 2 番目の y は，束縛変数の新たな

出現である．よって，いま考えた代入は，代入についての付帯条件に反する．

　参考文献の [前原 05] のように人工言語を用いた議論では，束縛変数・自由変数の区別がしやすく，こうした文脈での規則を明確に述べることができます．我々は自然言語を用いておおらかに論理を運用しているので，束縛変数・自由変数に関わる約束事を明確化するのはこのへんでよしとしましょう．

　数学の論理について，大学新入生が自分の習熟度に合った 1 冊を選ぶのは意外と大変です．高校の数学にはナンバリングがされています．すなわち，まず 1 年生向けに I と A があってこれらは並行して学ぶことができ，次の段階として II と B があってこれらも並行して学ぶことができ，さらに発展的な内容を扱う III などがあるという具合です．科目名を見ればどの程度の習熟度が事前に必要か，おおむねわかります．一方，大学生向け「数学の論理入門」的な書物のレベルは，実にさまざまです．

　そこで読者の学習の一助になればと思い，数学の論理に関する学習単元を，習熟度別に分けた例を示します．最初は，以下の二つの話を並行して学ぶことができます．

Ia　集合と論理
Ib　論理の決まり事

　Ia では集合と写像への入門を中心にし，論理について軽くふれます．拙著 [鈴木 16] は命題論理の説明に自然演繹を用い，[嘉田 08] と [中島 12] は真理値表を用いています．

　数学者が日頃，無意識に使っている論理をあえて形にすれば，真理値表と自然演繹を混ぜて，自然言語の中でおおらかに運用するものになるでしょう．これを自覚して整理することに主眼を置き，集合と写像については軽く学ぶのを Ib とします．本書で皆さんに学んでいただいたのはこれです．実際の数学科のカリキュラムでは Ia だけが開講され，Ib は Ia の授業の途中に駆け足で通り過ぎるだけ，というのがありがちな形でしょう．不足がちな栄養を本書で補っていただけたら幸いです．

　この後，できれば離散数学，群・環・体，そして位相空間の初歩を学んだ後，

次の段階に進めます．今度は以下の二つを並行して学べます．

    IIa   命題論理の完全性定理
    IIb   計算可能性入門

    IIa の目標は，命題論理の完全性定理がいかなる主張か，また，どうやって証明するのかを理解することです．Ia で学んだ集合の言葉を控えめに使って人工言語を用意し，Ib で学んだ論理の規則とそっくりなものを人工言語の上に再構成します．ここで人工言語の上で再構成された論理を健康診断の受診者にたとえると，Ib で学んだ論理は医療従事者にたとえられます．診察を受ける論理と，診察する論理が登場するわけです．この段階では，受診者の真理値表の話と，受診者の推論規則の話をきっちり分けるのが大事になります．[前原 05]で IIa を学べます．[山田 18] は，[前原 05] の前半部分の話題をていねいに説明しています．

    IIb は計算可能関数の入門です．有限オートマトン，計算可能性，停止問題の非可解性などの話です．IIa と IIb，そして実数の構成を学べば，より発展的な話題に取りかかる準備は万端です．

    この後，その気になれば述語論理の完全性定理，モデル理論の初歩，不完全性定理，公理的集合論の初歩などを学ぶことができます．[キュ16] はこれらの話題への入門です．さらに先には，現在でも日々発展し続けている研究の世界が広がります．

参考文献

[嘉田 08]　嘉田 勝：『論理と集合から始める数学の基礎』，日本評論社，2008.

[キュ16]　ケネス・キューネン（藤田博司 訳）：『キューネン 数学基礎論講義』，日本評論社，2016.

[鈴木 16]　鈴木登志雄：『例題で学ぶ集合と論理』，森北出版，2016.

[中島 12]　中島匠一：『集合・写像・論理——数学の基本を学ぶ』，共立出版，2012.

[前原 05]　前原昭二：『記号論理入門 [新装版]』日本評論社，2005.

[山田 18]　山田俊行：『はじめての数理論理学——証明を作りながら学ぶ記号論理の考え方』，森北出版，2018.

練習問題解答例

13.4 節で集合と写像の練習問題を出題しました．解答例をみていきましょう．

問題 13.1 いま f が集合 A から集合 B への単射で，g が B から集合 C への単射であるとする．このとき合成写像 $g \circ f$ は A から C への単射であることを示しなさい．

問題 13.1 の解答例（あっさりバージョン）

$$(g \circ f)(x_1) = (g \circ f)(x_2) \implies g(f(x_1)) = g(f(x_2)) \qquad \text{[合成写像の定義]}$$
$$\implies f(x_1) = f(x_2) \qquad \text{[g が単射だから]}$$
$$\implies x_1 = x_2 \qquad \text{[f が単射だから]}$$

問題 13.1 の解答例（ていねいバージョン）「$(g \circ f)(x_1) = (g \circ f)(x_2) \implies x_1 = x_2$」を示せばよい．そこで $x_1, x_2 \in A$ かつ $(g \circ f)(x_1) = (g \circ f)(x_2)$ とする．合成写像の定義により $g(f(x_1)) = g(f(x_2))$ である．g が単射だから $g(f(x_1)) = g(f(x_2)) \implies f(x_1) = f(x_2)$．よって $f(x_1) = f(x_2)$ である．f が単射だから，同様にして $x_1 = x_2$ となる．以上により「$(g \circ f)(x_1) = (g \circ f)(x_2) \implies x_1 = x_2$」が示された．よって $g \circ f$ は A から C への単射である．

時と場合に応じて，あっさりバージョンもていねいバージョンも書けるのが理想です．

井伊江のん ◎時と場合に応じて行動するのが苦手なんです…．
宇奈月うい郎 ◎コールセンターや営業部門に務めると，つらいタイプなのかな．
井伊江のん ◎ちゃんと自分の強みを活かせる職場に行くから大丈夫．たぶんね．

問題 13.2 いま f が集合 A から集合 B への全射で，g が B から集合 C への全射であるとする．このとき合成写像 $g \circ f$ は A から C への全射であることを示しなさい．

問題 13.2 の解答例（あっさりバージョン）

$$z \in C \implies g(y) = z, \text{ for some } y \in B \qquad \text{[g が全射だから]}$$
$$\text{かつ } f(x) = y, \text{ for some } x \in A \qquad \text{[f が全射だから]}$$
$$\implies (g \circ f)(x) = g(f(x)) = g(y) = z \qquad \text{[合成写像の定義]}$$

問題 13.2 の解答例（ていねいバージョン）「$\forall z \in C \, \exists x \in A \, (g \circ f)(x) = z$」を示せばよい．そこで $z \in C$ とする．g が全射だから $g(y) = z$ となる $y \in B$ がある．f が全射だから $f(x) = y$ となる $x \in A$ がある．すると合成写像の定義により $(g \circ f)(x) = g(f(x)) =$

$g(y) = z$ である．よって $g \circ f$ は A から C への全射である．

宇奈月うい郎◎この問題の場合，ていねいな解答の方が，むしろ書きやすいし読みやすいです．
井伊江のん◎そう？　あっさりバージョンの方が好きだな．

問題 13.3　0 でない有理数全体を $\mathbb{Q}'$ で表す．$\mathbb{R}$ 上の 2 項関係 R を以下のように定める．

$$xRy \Longleftrightarrow \exists q \in \mathbb{Q}' \ xq = y$$

このとき，R が $\mathbb{R}$ 上の同値関係であることを示しなさい．

問題 13.3 の解答例　反射律が成り立つことの証明．$x \in \mathbb{R}$ のとき，$x1 = x$ なので xRx．
対称律が成り立つことの証明．$x, y \in \mathbb{R}$, xRy のとき，ある 0 でない有理数 q に対して $xq = y$ となる．このとき $y(1/q) = x$ より yRx．以上により「$xRy \Longrightarrow yRx$」が示された．
推移律が成り立つことの証明．$x, y, z \in \mathbb{R}$, xRy, かつ yRz のとき，ある 0 でない有理数 q, r に対して $xq = y, yr = z$ となる．このとき $x(qr) = z$ より xRz．以上により「$xRy \wedge yRz \Longrightarrow xRz$」が示された．
反射律，対称律，推移律が成り立つから R は $\mathbb{R}$ 上の同値関係である．

宇奈月うい郎◎こういう解答はどうやって思いつくのですか．

あらすじから考えます．まず頭の中で次のような穴埋め問題を考えます．

> 反射律が成り立つことの証明．$x \in \mathbb{R}$ のとき，　ア　なので xRx．
> 対称律が成り立つことの証明．$x, y \in \mathbb{R}$, xRy のとき，　イ　より yRx．以上により「$xRy \Longrightarrow yRx$」が示された．
> 推移律が成り立つことの証明．$x, y, z \in \mathbb{R}$, xRy, かつ yRz のとき，　ウ　より xRz．以上により「$xRy \wedge yRz \Longrightarrow xRz$」が示された．
> 反射律，対称律，推移律が成り立つから R は $\mathbb{R}$ 上の同値関係である．

後は関係 R の定義をよく見て，それぞれの穴を埋めるだけです．

問題 13.4　正の整数全体を $\mathbb{N}_+$ で表し，0 でない有理数全体を $\mathbb{Q}'$ で表す．$\mathbb{Q}'$ 上の 2 項関係 S を以下のように定める．

$$xSy \Longleftrightarrow \exists m \in \mathbb{N}_+ \ xm = y$$

このとき，S が $\mathbb{Q}'$ 上の半順序関係であることを示しなさい．

問題 13.4 の解答例　反射律が成り立つことの証明：$x \in \mathbb{Q}'$ のとき，$x1 = x$ なので xSx．

反対称律が成り立つことの証明：$x, y \in \mathbb{Q}'$, xSy かつ ySz のとき，ある正の整数 m, n に対して $xm = y, yn = x$ となる．このとき $x(mn) = x$ であり，$x \neq 0$ だから $mn = 1$. よって $m = n = 1$，したがって $x = y$. 以上により「$xSy \wedge ySx \Longrightarrow x = y$」が示された.

推移律が成り立つことの証明．$x, y, z \in \mathbb{Q}'$, xSy かつ ySz のとき，ある正の整数 m, n に対して $xm = y, yn = z$ となる．このとき $x(mn) = z$ より xSz. 以上により「$xSy \wedge ySz \Longrightarrow xSz$」が示された.

反射律，反対称律，推移律が成り立つから S は $\mathbb{Q}'$ 上の半順序関係である.

問題 13.5　集合 A と集合族 $\mathcal{B}$ に対して以下を示しなさい．ただし小問 (2) で $\mathcal{B}$ は空でないとする.

(1) $A \cap \bigcup \mathcal{B} = \bigcup \{A \cap B \mid B \in \mathcal{B}\}$

(2) $A \cup \bigcap \mathcal{B} = \bigcap \{A \cup B \mid B \in \mathcal{B}\}$

問題 13.5 の解答例　(1) **場合 1**：$x \in A$ のとき.

$$x \in (\text{左辺}) \Longleftrightarrow x \in \bigcup \mathcal{B} \Longleftrightarrow x \in (\text{右辺})$$

場合 2：そうでないとき，$x \notin A$. このとき

$$x \in (\text{左辺}) \Longleftrightarrow \text{偽} \Longleftrightarrow x \in (\text{右辺})$$

よっていずれの場合も $x \in (\text{左辺}) \Longleftrightarrow x \in (\text{右辺})$. よって左辺と右辺は集合として等しい.

(2) **場合 1**：$x \notin A$ のとき.

$$x \in (\text{左辺}) \Longleftrightarrow x \in \bigcap \mathcal{B} \Longleftrightarrow x \in (\text{右辺})$$

場合 2：そうでないとき，$x \in A$. このとき

$$x \in (\text{左辺}) \Longleftrightarrow \text{真} \Longleftrightarrow x \in (\text{右辺})$$

よっていずれの場合も $x \in (\text{左辺}) \Longleftrightarrow x \in (\text{右辺})$. よって左辺と右辺は集合として等しい.

宇奈月うい郎 ◎なぜこんな場合分けをしたのですか.

ラクをしたかったからです.

井伊江のん ◎どうやって思いついたのですか.

無意識に思いつきました.

宇奈月うい郎 ◎うまい場合分けを思いつかなかったら，工夫せずにこつこつやった方がラクだった，とはなりませんか.

そうなることもあります.

宇奈月うい郎◎工夫せずにこつこつやるにはどうしたらよいのでしょうか.

今回もあらすじから考えます. 次のような穴埋め問題を考えます.

(左辺) ⊆ (右辺) の証明. $x \in$ (左辺) とする. このとき $\boxed{\quad ア \quad}$. よって $x \in$ (右辺). 以上により (左辺) ⊆ (右辺).
(右辺) ⊆ (左辺) の証明. $x \in$ (右辺) とする. このとき $\boxed{\quad イ \quad}$. よって $x \in$ (左辺). 以上により (右辺) ⊆ (左辺).
よって外延性公理により (左辺) = (右辺) が成り立つ.

このあと, アとイの穴に何が入るか考えます.

宇奈月うい郎◎そうか. 1 行目から順に思いつくんじゃないんですね.

ビジネスレターを書くときだってそうでしょう. さきに全体の流れを考え, どこに定型句が来るか考えてから細かいところを書きますよね.

宇奈月うい郎◎穴を埋めるとどうなるんでしょうか.

たとえば, こんな感じです.

(左辺) ⊆ (右辺) の証明：$x \in$ (左辺) $= A \cap \bigcup \mathcal{B}$ とする. このとき, $x \in A$ かつ, ある $B \in \mathcal{B}$ に対して $x \in B$. すると $x \in A \cap B$ かつ, $B \in \mathcal{B}$ なので, $x \in \bigcup \{A \cap B \mid B \in \mathcal{B}\} =$ (右辺). 以上により (左辺) ⊆ (右辺).
(右辺) ⊆ (左辺) の証明：$x \in$ (右辺) のとき, ある $B \in \mathcal{B}$ に対して $x \in A \cap B$. したがって $x \in A, x \in B$ かつ, $B \in \mathcal{B}$. よって $x \in A$ かつ, $x \in \bigcup \mathcal{B}$. ゆえに $x \in$ (左辺). 以上により (右辺) ⊆ (左辺).
よって外延性公理により (左辺) = (右辺) が成り立つ.

ここで一つ, 日頃心がけるべきことを申し上げましょう. 本を読んでいて上のような証明をみかけたら, ここから逆算して, さきほどの穴埋め問題を想像してみましょう. そうやって, 証明全体の流れに配慮しながら証明を読みましょう.

井伊江のん◎ふーん. 1 行目から順に読めばいいってもんじゃないんですね.

契約書や規約を読むときだってそうでしょう.

井伊江のん◎スマホの画面にときどき出てくる「以上の規約に同意しました」ボタンを押す

ときの話ですか．いつも，読まずに同意ボタンを押しています．

宇奈月うい郎◎それ，危ないだろ．

井伊江のん◎小問 (2) をまじめにこつこつやるとどうなりますか．

　今度は $\mathcal{B} \neq \emptyset$ と仮定して，$A \cup \bigcap \mathcal{B} = \bigcap \{A \cup B \mid B \in \mathcal{B}\}$ を示す方ですね．穴埋め問題を考えるところまではさきほどと同じです．穴を埋めると，たとえばこうなります．

(左辺) ⊆ (右辺) の証明：$x \in$ (左辺) $= A \cup \bigcap \mathcal{B}$ とする．このとき，

$$（場合 1） x \in A \quad または，\quad （場合 2） x \in \bigcap \mathcal{B},$$

のいずれかが成り立つ．場合 1 のとき，どんな $B \in \mathcal{B}$ に対しても $x \in A \cup B$ となるので $x \in \bigcap \{A \cup B \mid B \in \mathcal{B}\} =$ (右辺)．場合 2 のとき，すべての $B \in \mathcal{B}$ に対して $x \in B$ であるから，すべての $B \in \mathcal{B}$ に対して $x \in A \cup B$ となる．よって場合 1 と同様に $x \in$ (右辺)．以上により (左辺) ⊆ (右辺)．

(右辺) ⊆ (左辺) の証明：$x \in$ (右辺) のとき，すべての $B \in \mathcal{B}$ に対して $x \in A \cup B$．もし $x \in A$ なら，$x \in A \cup \bigcap \mathcal{B} =$ (左辺)．そうでないとき，すなわち $x \notin A$ のとき，すべての $B \in \mathcal{B}$ に対して $x \in A \cup B$ だからすべての $B \in \mathcal{B}$ に対して $x \in B$．よって $x \in \bigcap \mathcal{B} \subseteq$ (左辺)．ゆえに $x \in$ (左辺)．以上により (右辺) ⊆ (左辺)．

　よって外延性公理により (左辺) $=$ (右辺) が成り立つ．

問題 13.6　いま E を全体集合とし，集合族 $\mathcal{A}$ の要素はすべて E の部分集合であるとする．また，$\mathcal{A}$ は空でないとする．E の部分集合 X の各々に対し，その補集合を X^c で表す．このとき，以下を示しなさい．

(1) $(\bigcup \mathcal{A})^c = \bigcap \{A^c \mid A \in \mathcal{A}\}$

(2) $(\bigcap \mathcal{A})^c = \bigcup \{A^c \mid A \in \mathcal{A}\}$

問題 13.6 の解答例　(1) 文字 x の変域は E（本問の全体集合）であるとすると，以下が成り立つ．

$$x \in （左辺） \iff \neg(x \in \bigcup \mathcal{A}) \qquad [補集合の定義]$$
$$\iff \neg \exists A \in \mathcal{A}\ x \in A \qquad [集合族の和集合の定義]$$
$$\iff \forall A \in \mathcal{A}\ \neg(x \in A) \qquad [述語論理のド モルガンの法則]$$
$$\iff \forall A \in \mathcal{A}\ x \in A^c \qquad [補集合の定義]$$
$$\iff x \in \bigcap \{A^c \mid A \in \mathcal{A}\} = （右辺） \qquad [集合族の共通部分の定義]$$

以上により (左辺) $=$ (右辺)．

(2) 文字 x の変域は E（本問の全体集合）であるとすると，以下が成り立つ.

$$x \in (\text{左辺}) \iff \neg(x \in \bigcap \mathcal{A}) \qquad \text{[補集合の定義]}$$

$$\iff \neg\forall A \in \mathcal{A} \; x \in A \qquad \text{[集合族の共通部分の定義]}$$

$$\iff \exists A \in \mathcal{A} \; \neg(x \in A) \qquad \text{[述語論理のド モルガンの法則]}$$

$$\iff \exists A \in \mathcal{A} \; x \in A^c \qquad \text{[補集合の定義]}$$

$$\iff x \in \bigcup \{A^c \mid A \in \mathcal{A}\} = (\text{右辺}) \qquad \text{[集合族の和集合の定義]}$$

以上により $(\text{左辺}) = (\text{右辺})$.

問題 13.6 の二つの等式も，ド モルガンの法則とよばれます.

宇奈月うい郎◎なんだか，ずるくないですか.

どこがですか.

宇奈月うい郎◎さきほどは，左辺が右辺の部分集合であること，右辺が左辺の部分集合であること，その二つをこつこつ示すのが基本であるかのようにおっしゃいましたよね. でも今回は，まるで等式変形のように同値変形しています.

この問題の場合は，述語論理のド モルガンの法則で同値変形する手筋がすぐ思い浮かんだのです.

宇奈月うい郎◎その，思い浮かんだ瞬間の頭の中の風景はどんな感じですか.

こんな感じです.

$$x \in (\text{左辺}) \iff \boxed{\quad \text{ア} \quad}$$
$$\iff \boxed{\quad \text{イ} \quad} \qquad \text{[述語論理のド モルガンの法則]}$$
$$\iff \boxed{\quad \text{ウ} \quad}$$
$$\iff x \in (\text{右辺})$$

以上により $(\text{左辺}) = (\text{右辺})$.

解法の手がかりとして何が思い浮かぶかは，人それぞれでしょう. 別に今の私と同じように考えなくてもいいですよ.

問題 13.7 いま A は集合であるとする. A のべき集合 2^A から A への単射は存在しな

いことを示しなさい.

　　問題 13.7 の解答例　背理法によって示す．背理法の仮定として，べき集合 2^A から A への単射が存在したとする．一方，A から 2^A への写像 f を $f(x) = \{x\}$ と定めると，f は A から 2^A への単射である．するとベルンシュタインの定理により A から 2^A への全単射が存在する．全単射は全射でもあるから，カントルの定理（定理 12.3.2）に矛盾する．以上により，べき集合 2^A から A への単射は存在しない．

井伊江のん◎この解答例，道具を使いすぎていませんか．

　別にそうは思いませんが．

井伊江のん◎背理法，ベルンシュタインの定理，そしてカントルの定理を使っています．

　全部，合法的な道具ですよ．上の解答例はとくにひらめきを必要とせず，有名な道具の組合せだけでできているのでいいと思います．

井伊江のん◎柔道みたいに，身一つで勝負している感じの答案ができませんか．

　何のためにそうしたいのかよくわかりませんが…こんなのどうでしょう．

　　問題 13.7 の別解　いま f は，べき集合 2^A から A への写像とする．A の部分集合 Y を以下のように定める．

$$Y = \{x \in A \mid \forall B \in 2^A \ (f(B) = x \to x \notin B)\}$$

ここで $y = f(Y)$ とおこう．

$$Y \text{ の定義により } y \in Y \implies y \notin Y \text{ となるから } y \notin Y \tag{i}$$

　したがって Y の定義により $\neg \forall B \in 2^A \ (f(B) = y \to y \notin B)$ となり，これを同値変形すると $\exists B \in 2^A \ \neg(f(B) = y \to y \notin B)$，さらに同値変形して $\exists B \in 2^A \ (f(B) = y \land y \in B)$ となる．このような B を一つ固定する．$y \in B$ であるが，(i) より $y \notin Y$ なので $B \neq Y$．ところが $f(B) = y$ かつ $y = f(Y)$（y の定義）なので $f(B) = f(Y)$．$B \neq Y$ かつ $f(B) = f(Y)$ だから f は単射ではない．2^A から A への写像 f の選び方は任意だったから，2^A から A への単射はない．

井伊江のん◎なるほど．一つわからないところがあります．「Y の定義により $y \in Y \implies y \notin Y$ となるから $y \notin Y$ (i)」というところでは，背理法を使っているのですか．

　そう思ってもかまいません．あるいは，$y \notin Y \to y \notin Y$ と「または取り」によって $y \in Y \lor y \notin Y \to y \notin Y$ を出して，背理法の代わりに排中律を使って $y \notin Y$ を出すと考えても

いいです．実際に数学の証明を書いているときは，あまり細かいところまで自然演繹に戻さ
ずに話を進めていきます．

宇奈月うい郎◎僕は最初の解答例の方が好みです．別解は，集合 Y と要素 y をどうやって
思いついたのか謎です．

　道具をなるべく使わないようにすると，そのぶん，アイデアが必要になってくるのです．
やせ我慢せず，道具に頼りましょう．

　問題 13.8　$\mathbb{N}$ と $\mathbb{R}$ の直積 $\mathbb{N} \times \mathbb{R}$ は $\mathbb{R}$ と濃度が等しいことを示しなさい．

　問題 13.8 の解答例　各 $(n, y) \in \mathbb{N} \times \mathbb{R}$ に対して，$(n - 1/2)\pi < x < (n + 1/2)\pi$ かつ
$\tan x = y$ となる x を $f(n, y)$ とする．このとき，f は $\mathbb{N} \times \mathbb{R}$ から $\mathbb{R}$ への単射である．ま
た，各 $x \in \mathbb{R}$ に $(0, x)$ を対応させる写像は $\mathbb{R}$ から $\mathbb{N} \times \mathbb{R}$ への単射である．よってベルン
シュタインの定理により，$\mathbb{N} \times \mathbb{R}$ は $\mathbb{R}$ と濃度が等しい．

宇奈月うい郎◎解答例を読んでもイメージがわかないです．

　$\mathbb{N} \times \mathbb{R}$ から $\mathbb{R}$ への単射を定めるところでは，数直線の部分集合として，無限個の開区間
を考えています．

$$\cdots, \left(-\frac{\pi}{2}, \frac{\pi}{2}\right), \left(\frac{\pi}{2}, \frac{3\pi}{2}\right), \left(\frac{3\pi}{2}, \frac{5\pi}{2}\right), \cdots$$

ここで，各々の開区間と数直線の濃度が等しいことを用いています．

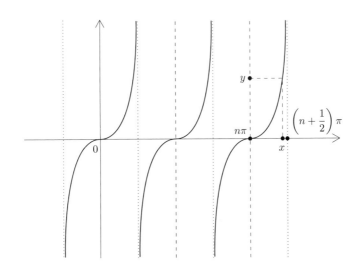

索引

鈴木登志雄 (すずき・としお)

京都大学理学部卒業, 筑波大学大学院数学研究科 博士 (理学).
現在, 東京都立大学大学院理学研究科数理科学専攻准教授.
専門は計算理論・数理論理学.
著書に『例題で学ぶ集合と論理』(森北出版、2016),
『論理リテラシー』(培風館, 2009),
『ゲーデルと 20 世紀の論理学 (1)』(分担執筆, 東京大学出版会, 2006),
『数学のロジックと集合論』(共著, 培風館, 2003)
がある.

ろんりの相談室
そうだんしつ
大学1年生の真理値表と体系
だいがく ねんせい しんりちひょう たいけい

2021 年 7 月 25 日　第 1 版第 1 刷発行

著者───────鈴木登志雄
発行所──────株式会社　日本評論社
　　　　　　　　〒 170-8474 東京都豊島区南大塚 3-12-4
　　　　　　　　電話　(03) 3987-8621 [販売]
　　　　　　　　　　　(03) 3987-8599 [編集]
印刷所──────藤原印刷株式会社
製本所──────井上製本所
装丁───────山田信也 (ヤマダデザイン室)

キューネン 数学基礎論講義

ケネス・キューネン／著　藤田博司／訳

名著『集合論』の著者キューネンによる数学基礎論の教科書、待望の邦訳。公理的集合論からゲーデルの不完全性定理まで幅広い題材を、哲学的な話題も含めて、丁寧に解説する。

◇ISBN 978-4-535-78748-3　A5判／定価4,180円（税込）

日評数学選書
記号論理入門［新装版］

前原昭二／著

記号論理の最良の入門書として永く読み継がれている名著。「新装版」では、安東祐希（法政大学教授）による補足を加えた。

◇ISBN 978-4-535-60144-4　A5判／定価2,420円（税込）

論理と集合から始める
数学の基礎

嘉田 勝／著

数学や情報科学・情報工学に必須の「論理」と「集合」について正面からとりあげ、実際の使われ方に即して実践的に解説した。

◇ISBN 978-4-535-78472-7　A5判／定価2,860円（税込）

［改訂版］経済学で出る数学
高校数学からきちんと攻める

尾山大輔・安田洋祐／編著

経済セミナー増刊『経済学で出る数学』の単行本化。経済学で用いる数学を、高校数学から丁寧に復習しつつ、練習問題で応用力を養う。

◇ISBN 978-4-535-55659-1　B5判／定価2,310円（税込）

🦅日本評論社
https://www.nippyo.co.jp/